印刷工艺

X Printing Technology

艺术实践教学系列教材

朱伟斌／编著

ZHEJIANG UNIVERSITY PRESS
浙江大学出版社

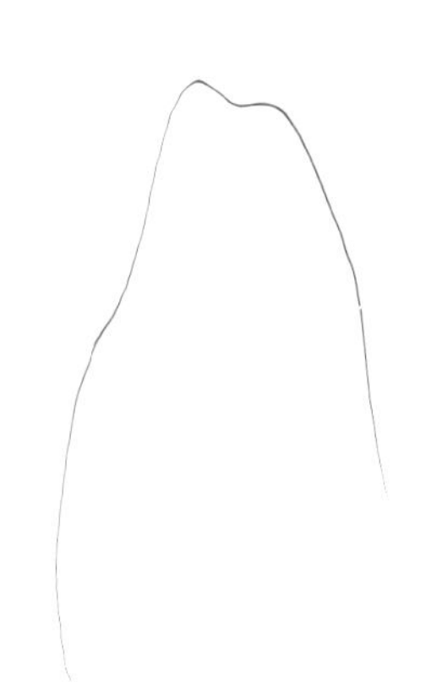

丛书编委会

总 序

面对我国飞速发展的今天和高等教育从精英教育向大众化教育转变的现实，我们必须思考在这场激烈的人才竞争中如何使我们的教育适应新形势下的社会需求，如何全面地提升学生的综合竞争力，真正使我们所教的知识能“学以致用”。

教学改革是一个持久的课题，其没有模式可套，我们只能从社会对人才需求的不断变化和在教学实践中结合自身的具体情况不断地去提升与完善。要对以往的教学进行反思、梳理，调整我们的教学结构与体系，去完善这个体系中的具体课程。这里包含着对现有教学知识链的思考：如何在原有知识结构的基础上整合出一条更科学的知识链，并使链中的知识点环环相扣；也包含着对每个知识点的深入研究与探讨：怎样才能更好地体现每门课程的准确有效的知识含量，以及切实可行的操作流程与教学方法。重视学生的全面发展，关注社会需求，开发学生潜能，激发学生的创新精神，培养学生的综合应用能力。教育的根本目的不仅要授予学生“鱼”，更要授予“渔”，使之拥有将所学知识与技能转化成一种能量、意识和自觉行为的能力。

编写一部好的教材确实不易，从实验实训的角度则要求更高，不仅要有广深的理论，更要有鲜活的案例、科学的课题设计以及可行的教学方法与手段。编者们在编写的过程中以自身教学实践为基础，吸取了相关教材的经验并结合时代特征而有所创新。本套教材的作者均为一线的教师，他们中有长期从事艺术设计、摄影、传播等教育的专家、教授，有勇于探索的青年学者。他们不满足书本知识，坚持教学与实践相结合，他们既是教育工作者，也是从事相关专业社会实践的参与者，这样深厚的专业基础为本套教材撰写一改以往教材的纸上谈兵提供了可能。

实验实训教学是设计、摄影、传播等应用学科的重要内容，是培养学生动手能力的有效途径。希望本套教材能够适应新时代的需求，能成为学生学习的良好平台。

本套教材是浙江财经大学人文艺术省级实验中心的教研成果之一，由浙江大学出版社出版发行。在此，对辛勤付出的各位教师、工作人员以及参与实验实训环节的各位同学表示衷心的感谢。

张继东

前言

Preface >

在不同人的眼里，“印刷”这个词意味着不同的事物。企业家看印刷是产业，商人看印刷是生意，广告人看印刷是媒介，艺术家看印刷是版画，工人看印刷是技术。设计师呢？是以上的全部。

印刷作动词，是指名为“印刷术”的一种活动，具有明显的程序性和技术性。作名词，作“印刷品”，具有一定的实用性和艺术性。很少有课程像印刷这样，兼容技术与艺术，并包商业与文化，跨越传统与当代，涵盖个人创作和社会生产。印刷课程，无论是就某门生产技术作深入讲解，还是作版画艺术来挖掘探究，都曾经作为艺术设计的核心课程在培养艺术设计人才中发挥了重要作用。在数字化技术高速发展的今天，印刷的发展遇到了新的问题。一方面，人们迷恋于电脑带来的极大便利；另一方面，又难免为数字化的虚拟心生不踏实感。艺术设计教育同样面临着这种时代变革的关口，在这样的时代背景下，印刷的价值和意义是什么？课程教学的方向是什么？课程结构是什么，包括哪些内容，其重点又是什么？针对这些问题，编者为此做过长久的思考，结合自己的印刷实践和艺术设计教学的一些经验，编写了此教材。

本教材依照大学单元制课程教学来编写，设计课时为5周80课时。从印刷的历史演变，区分不同类别，把握印刷的基本特征，论述印刷的价值和意义。以实验实训为手段，指导学生进行多样的印刷实验，在实验过程中培养学生多种能力，包括动手能力、创作能力、复杂事务管理能力、市场调查分析能力等。

教材既有总括性的论述又有关键技术问题点的讲解。按照基本实验和拓展实验两部分来组织实验实训教学的内容，这种有层次的教学设计既保证了基本技能的掌握，又留有启发性的拓展空间。

第一章是概论部分。本章首先以技术发展为主线，介绍印刷从手作木刻到金属活字，从工业革命机械自动化，到电子化、数字化发展历程。其次，本章讲述了印刷与艺术设计的关系，重点介绍了印刷与平面设计的渊源。然后，介绍了四种印刷种类。本章最后介绍了数码时代的印刷状况，展望了未来印刷的前景。通过本章的学习，可以使学生总体了解印刷的价值和意义。

第二章是本课程的核心内容，总述印刷工艺流程。提出五个关键问题，引出几个重要技术知识点，整个印刷工艺围绕这几个知识点展开。按照工艺流程的线索解决印刷工艺问题，是学习印刷工艺的基本方法。

第三章至第六章是本教材的主干部分，分述三种不同的印刷实验操作和一项企业考察。实验部分讲解了基本的实验步骤和技术要点。企业考察部分则重点考察在工业化生产下，几个标准化技术的要点。教材还加入了印刷成本核算的内容，增加了学生对印刷市场的了解，既体现了印刷生产的技术性又体现了其商业特性。

三项实验针对性各不相同。木版印刷实验主要是针对学生手工劳作能力较强的特点，引导学生“由画入技”；丝网印刷实验是针对学生事务管理经历较少的情况，对复杂实验程序进行管理的训练；数码印刷实训则是借助电脑软件工具而进行的印前操作训练。实验从简单到复杂，由浅入深，从创作到制作，从个体到协作，具有较强的可操作性。教材还注重实用性，随教材附录了部分印刷设计工具，供学生使用。

应该说，在有限的课程时间内，这种“求全”课程内容设计，各章只能作简要的概括性介绍。这种概要式结构，往往能抓住课程核心内容，但难于做到对某项技术的精致追求。虽然很多具体的问题可以在教学辅导中细解，但即使这样，课程结束后学习者仍会留有无数的难题。这些难题将伴随着他们进入今后的艺术设计实践中。课程的结束似乎才是学习的开始。按此来看，此次课程充当的角色更像是问题的提出者。如果说此课程能够将学习者带入印刷的世界，启发学习者积极探寻问题，并能学得解决问题的方法，这也就达到了本课程教学的初衷。

高校开设印刷工艺课程是有用的。课程使学生掌握印刷技术知识，指导符合技术要求的艺术设计实践。通过学习和交流，拉近学校和企业的距离，学生了解社会化生产的方式，以便今后可以更好地为社会服务。同时，印刷还是有趣的。无论是通过手作还是通过机器，人们在实践中借助工具和材料表达了自己的情感，体会到技术劳动创造中的乐趣。希望印刷工艺课程学习能带给大家更多的启发和帮助。

本人才疏学浅，书中尚存很多不足之处，还请大家多多指正。

编　者
2014年7月

目录

Contests >

印刷概论 01~02 > × Introduction >

创作型印刷实践 03~04 > × Art Working >

第一章 印刷理论概述

第二章 印刷工艺流程

第三章 实验一：凸版印刷工艺

第四章 实验二：丝网印刷工艺

第五章　平版胶印工业生产

第六章　数码印刷实训

附录

01 第一章 印刷理论概述

一、印刷技术流变

在印刷术出现以前，文本复制全靠人工抄写。我们可以想象古人用毛笔逐行逐句抄写经文时劳苦的样子。文本抄写速度缓慢，普通人靠书本接受教育何其难啊？印刷术改变了人类手抄的文本复制方式，加速了知识流通的速度，扩大了知识传播的疆域。印刷术加大了书本的生产量，使书籍留存的机会增加，减少手写本因有限留存而遭受绝灭的可能性。印版的批量复制还使得书本形式固定，版本统一，促进教育的普及和知识的推广。可以说，几乎现代文明的每一次进展，都或多或少地与印刷术的应用与传播发生关联。为此，英国学者李约瑟就评价道："我以为在整个人类文明史中，没有比纸和印刷的发展更重要的了。"

世界已经公认印刷术最早是由中国人发明的。据史料记载，早在公元前300年春秋战国时期中国人就开始使用印章，印章按捺印泥于纸或帛上，是一种印刷的雏形。中国古人还盛行将铭文刻在青铜器皿或石碑上以纪念、颂功或永久保存儒、道、释等经典著作，后人用纸在碑上拓印进行复制，这种拓印已经具备了印刷的属性。东汉年间佛教兴盛，经文用量大增，现实需求促使人们寻找复制经文的新方法。受印章的启发，人们发明了在木板上雕刻图文，再进行印制的雕版印刷术。公元593年隋文帝时期，中国出现木刻版书籍。人们在敦煌发现了公元868年印制的《金刚经》完整印本书卷，这表明唐代雕版与印制技术已有了高度的发展（图1-1）。印刷术至宋代成为完美而精湛的艺术，自此，中国进入一个木雕版印刷全盛时代。

图1-1　中国古代木刻制版

由于汉字结构复杂，所以雕版工作非常缓慢。据资料记载，一块版按400字一面来计算，熟练刻工需两天时间才能刻完，中间刻错的话就得整版报废重刻。公元1041年宋仁宗庆历年间，杭州冶金锻工毕升发明了“胶泥活字版印刷术”，改善雕版缓慢、改版不易的情况，对此宋代沈括在《梦溪笔谈》中详细记载了毕升的活字印刷术。或许中国古人对木版雕刻更具有信心的缘故，活字印刷术并未流行开来。在毕升发明活字之后400年，德国金匠约翰·古登堡于1445年用铅锑锡合金在铜模上铸出世界上第一套铅铸活字。古登堡还仿照榨葡萄机制造出第一部木制手动印刷机，以及用亚麻仁油调制出来的油脂性墨。古登堡于1455年用它的铅铸活字和机器印制出第一本42行《圣经》。古登堡使用成套的金属活字、油性墨和机械化操作更具有现代生产的特征，西方称其为“现代印刷之父”（图1-2）。铅活字印刷引发欧洲图书生产的大革命，新技术使书籍产量大增，更多的人有机会获得教育，文盲率也大为降低。铅活字印刷对当时欧洲经济、文化、社会的发展起到了积极的推动作用。美国《时代》周刊甚至将书籍印刷的发明、书籍应用的社会文化作用和古登堡的铅活字印刷一起列入上一个千年的最重要事件。

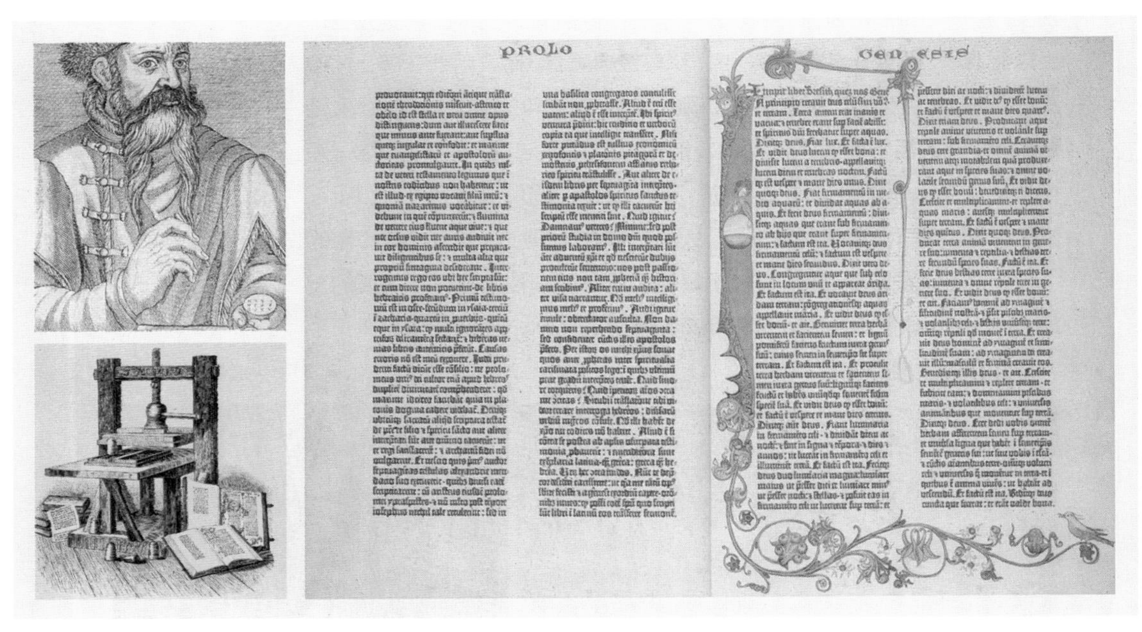
PROLO
GEN ESIS

图1-2　古登堡的金属活字印刷和他印制的42行《圣经》

古登堡之后的三四百年内，西方的印刷技术并未出现太大的变化。西方国家的工业革命实现了以能源革新为中心的技术大变革，极大地促进了生产力。这一时期，印刷机械和技术得到进一步发展，英国出现全金属的印刷机、蒸汽印刷机，极大地提高了印刷效率。后来欧美国家掀起了一股创新印刷机器的热潮。1845年后的100年间，欧美先后生产出转轮机、滚筒转轮机、多色转轮机等先进的印刷设备，实现了印刷工业机械化。手工印刷技术被放弃，人们纷纷转向新发明的蒸汽印刷机，实现印刷自动化技术。

我们可以从制版技术的发展来看近5、6个世纪以来印刷技术的发展情况。

从15世纪到19世纪末，古登堡的手工铸造活字技术一直主导着西方印刷制版技术。直到1885年奥特玛（Ottmar）发明了整行铸排机，手工铸字这一状况才得以改变。整行铸排机采用键盘编辑整行字模，再用熔化铅整行浇铸，人们终于从手工刻字中解放出来（图1-3）。1871年纽约发明家约翰·莫斯开始尝试将摄影用于印刷制版，为现代摄影制版奠定了重要基础。1940年照相制版开始发展，通过字模将文字逐字曝光到感光胶片上。20世纪70年代初，随着数字照排系统的出现，照相制版实现突破，铅字排版开始萎缩。

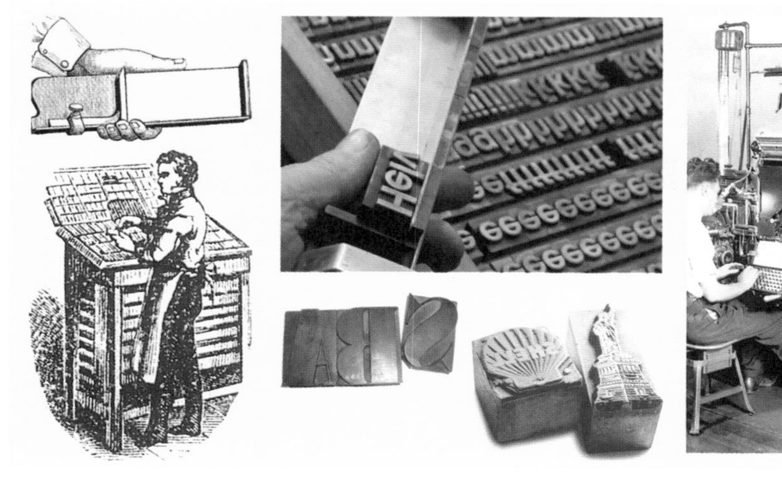

图1-3　手工排字和整行铸排机[5]

20世纪的最后20年，电子设备、电子信息处理系统成为新技术的核心，印刷业迎来了一次全新的数码化革命。印刷数码化革命从编辑、排版、图形处理、插图创作，到制版印刷都发生了翻天覆地的变化。在这次革命中，苹果公司（Apple）的Macintosh电脑、阿多比公司（Adobe）的PostScript激光打印机还有阿尔度斯（Aldus）的PageMaker排版软件，三个公司被人们称为“3A”（图1-4），在它们的合力推进下，印前制版从“铅与火”的时代进入“桌面出版”（Desktop Publish）时代。桌面出版技术的出现意味着印刷发展步入快车道。

桌面出版系统（DTP）意味着可以在一台计算机上完成文字的录入与编辑、图像的扫描与处理、图形元素的设计和页面编辑与组版。与输出设备（照排机）相连接后，个人计算机就能够实现页面图文的分色与加网，并最终将整个版面曝光在胶片上（整页胶片）。20世纪90年代，DTP几乎是在一夜之间替代了传统印前工艺，几乎完全取代传统的排版、图像编辑系统和照相制版的复制工艺。

图1-4 “3A”合力推动桌面出版时代的到来

从最初的电子分色制版发展成为以黑白图文处理为主的桌面出版系统，进而发展为彩色桌面系统，再发展到今天以CTP（Computer to Plate）技术为核心的计算机直接制版系统，巨大的变化仅用了短短的30年。如今，计算机直接制版技术意味着可直接生成印版，废除原来胶片的步骤。计算机直接制版技术应用在凹版，可以直接采用数字信号雕刻印版，应用在平版印刷中，计算机直接制版技术可以对印版直接曝光，直接成像。先进的技术不但减轻了工人劳动强度，还大大提高了印刷产品的质量。

纵观印刷千百年历史，我们发现，印刷技术从木雕版全手工印制，发展到金属印版机械化，从电子化成像全自动操作，发展到数字化智能程控管理，印刷技术与世界的经济、文化、科学、艺术等相伴相随。印刷术使得人类的语言得以延伸和扩展，科学技术、思想文化得以大范围的传播，成为人类文明进步的推动力量。反过来，科学技术的进步又促进印刷技术的革新，印刷技术在一次又一次的革新中发展进化，成为人类文明画卷中最亮丽的一笔。

二、印刷与艺术设计

印刷与艺术设计同为技术劳动，对高品质的追求是一致的。印刷与艺术设计同为视觉艺术，对美的追求是一致的。艺术设计门类众多，印刷对其影响不尽相同。

印刷与平面设计最为密切。机械化、大批量的现代印刷生产，成为区分传统与现代平面设计的分水岭。传统的平面设计大都是通过手工绘制，无论是古非洲的墓室壁画，还是中世纪僧侣的手写圣经，平面设计借助的是手艺。古登堡的金属活字印刷术带动了现代印刷技术的产生，而现代印刷技术的发展，则催生了现代的平面设计。如果从实现手段来看，平面设计是以印刷品的方式来实现的。从载体形式来看，平面设计中的项目，包括书籍、报刊、杂志、包装、广告海报等，无不与印刷密切相关。为此，有人干脆直接把平面设计定义为印刷品的设计。同时，现代印刷特有的大量复制功能，使得平面设计作品成为大众的消费品，现代印刷加速了人们对平面设计的消费，促进了平面设计的快速发展。

今天在平面设计中还有很多词汇来自于印刷术语，例如“编排”（Typography）就是一例。旧式印刷是把插图和文字全部刻在一块木板上，以此为印刷底版。金属活字的应用，则可以利用不同的版，包括若干块插图版和文字版拼合而成，这就是“排版”或“版面设计”。现今的“编排”引申为对版面内图文各元素组合关系的研究，成为平面设计专业的必修功课。另外，“Logotype”也是一个旧式印刷术语，原指连合活字，连铸铅字条，是为方便排版将固定组合词组连铸在一起的字块。后来人们才用“Logo”指代具有固定组合搭配的词组，作为“标志”广泛用于企业商业推广。

印刷字体，特别是正文字体，还深刻影响着人们对字体样貌的认知。印刷术发明之前，人们接触到的手写字体风格多样。印刷术不仅推动典籍的广泛传播，同时也使字体的样貌得到很大程度的统一。在欧洲，古登堡发明金属活字后，当时的印刷技师用少数几种字模印制大量的书册在欧洲各地传播，传播典籍在实际上也起到了统一字体样式的作用。字体铸造技术更新后，产生了很多新字体。这些新字体继承了原来字体的典雅特征，被刻作字模一直沿用至今。 包括Claude Garamond（1480—1561），Nicolas Jenson（1420—1480）和Aldus Manutius（1459—1515）等人，以及后来的Anton Janson（1620—1687），William Caslon（1692—1766），John Baskerville（1708—1775），Giambattista Bodoni（1740—1830）等人，他们在印刷字体上做出不懈努力， 以他们名字命名的字体现已成为西方印刷字体的典范。

就汉字而言，宋体字无疑是一种因刻版而产生的印刷新字体。雕版出现初始，字体多学手书字体样貌，如宋代刻书多学欧阳询、柳公权、颜真卿等，随后刻工为追求雕刻效率而创造出一种瘦硬字体，这种字体观感上直接体现刀锋效果，给人以刚健有力的视觉感受，这种程式化的工艺字体就是宋体字的起源。这种“横平竖直、横轻竖重”的印刷专用字体在明代初期有了较大改进，发展到明正德年间（1506—1521）基本定型。宋体字流行于明万历年间，官方和民间印书广泛使用，字体结构更为成熟，此时宋体字已成为印刷刻版的主流字体。宋体字因印刷而产生，其字体特征既有中国传统书法的转折顿挫，又有明显的工艺雕刻痕迹。可以说，宋体字是中国真正意义的“设计”字体。

国内首先出现的铅活字汉字就是宋体字。19世纪后半叶，西方凸版印刷机开始传入中国。据史料记载，当时美华书馆的传教士姜别利用电镀法制作出7套中文字模，依大小不同依次按1~7号排序，时称“美华字”。“美华字”是依据明代中叶后的宋体字形而制，为此“美华字”也俗称宋字。美华书馆大量制造并出售这种铅字，“美华字”成为此后几十年间中国出版机构最通用的宋体字。新中国成立后，国家也对宋体字做了标准化设计。1964年，北京新华字模厂按照中文报纸印刷特点设计出铅字“报宋”字体，制作成铜模推广全国，成为我国报纸印刷的当家字体。90年代，上海印刷技术研究所推出“新报宋”并最终由北大方正制作成电脑字库，在中文报纸上广泛使用。从模仿手书的版刻字到数字化的电脑字体，宋体字经过了千年的演变，现已成为中文排版的标准正文字体（图1-5）。

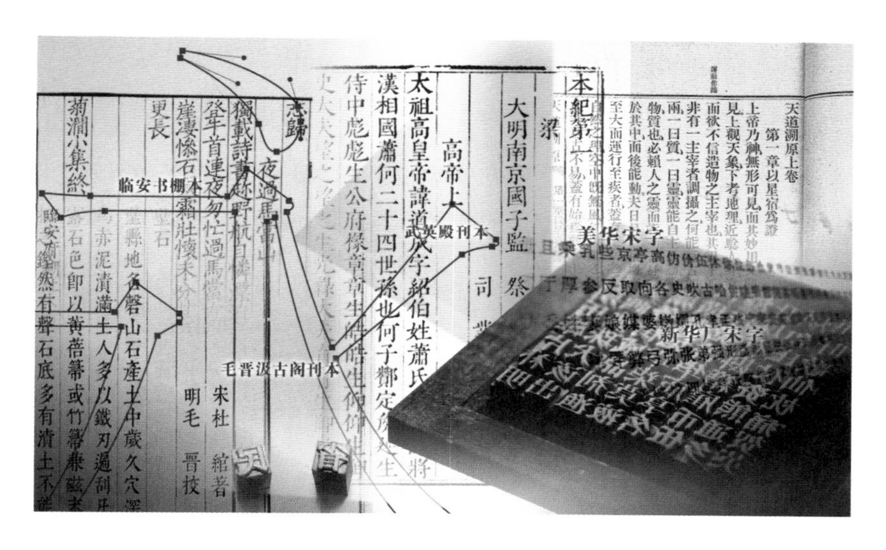

图1-5　宋体字是在刻版中创造的新字体

印刷和产品设计密切相关。现今的大多数印刷品本身就是工业产品，涉及材料、结构和功能的设计。例如书本的印刷设计，除了版式设计以外，设计师还必须考虑纸张如何成为一本便于携带易于翻阅的书册。包装盒的印刷设计，设计师不但考虑图文的识读，还必须考虑包装的材料和印刷工艺是否符合保护产品的功能。印刷中包含了诸多的人体工程学、材料学和工艺学的内容。另一方面，任何产品要成为市场流通的商品，必然少不了印刷的标签、说明书和包装等。现今在任何一个超市中任何一件商品，印刷的技术支持必不可少。可以说，印刷品与产品存在不可分割的紧密联系。

人们从信息传达的角度对图像文字进行解读，将平面设计理解为视觉传达设计。印刷经历了“从纸面到屏幕”的转变。借此，无论是平面设计还是印刷设计，都大大扩展了自身的内涵。由于印刷的复制功能，其应用很快地从文化教育延及到商业推广、信息传播等领域。对于艺术设计工作者，了解印刷工艺有助于掌握艺术设计实现的技术途径，有助于结合材料有效地传达视觉信息，有助于更完美地实现视觉创意。对于在校学生，众多技能中，绘画、书写、电脑、摄影必不可少，印刷技术综合以上所有技能成果。既有对原稿（图形、图像、文字等）的处理，又有电脑专业软件的运用，在印刷操作实践中更涉及对油墨的调配、机器的操控等。印刷工艺是一项综合的技能，学生通过学习不但能增加对专业知识的了解，同时还对培养事务管理习惯、印刷工艺的训练具有很大的价值。

三、印刷的种类

我们这里定义的印刷是指具有五要素的图文复制技术。

五要素包括：图稿、印版、印刷机、承印物和墨料。印版是印刷复制的一个重要内容，印刷工艺基本上是围绕印版展开。随着数码技术的发展，无版无压印刷会成为未来发展的一种趋势，但本书在此不将其列入讨论范围。

大印刷涵义很广，不同环节有不同内容。学习和了解印刷的种类，不但有助于区分各种印刷技术的不同特点，分辨印刷品画面的各种技术表现特征，还有助于我们对印刷市场的全面而整体的认识。

按照不同的分类标准，印刷可分为不同的种类。按照印刷品用途分为：包装印刷、书刊印刷、报纸印刷、商标印刷等；按照承印物不同分为：纸张印刷、塑料印刷、金属印刷、不干胶印刷、纸箱印刷等；按照印版版材可分为：树脂版印刷、木版印刷、丝网版印刷、铅印、胶印等；按印制机器可分为：手工印刷、机器印刷和数码印刷。

在印刷工艺学中按印版特点来区分，印刷种类共有四种，分别是：凸版印刷、凹版印刷、平版印刷和网版印刷。它们主要依据在印版上图文部分与非图文部分版基的相对位置来区分不同的版种。

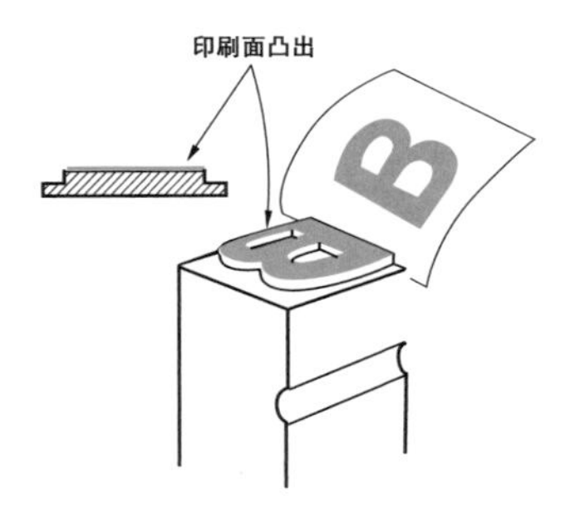

图1-6 凸版印刷原理

1. 凸版印刷

凸版印刷就是使用凸版进行印刷的技术，简称凸印。因图文部分高出版面，故称凸版（图1-6）。雕版印刷是历史最久远的凸版印刷之一，唐代初年就发明了雕版印刷技术。凸版印刷是一种直接加压的印刷方法。印版的图文为反像，印刷时凸起部分覆上油墨经加压直接印在承印物的表面。木版是使用最早的凸版，之后金属替代木版成为主流材料，最新的凸版材料为感光树脂塑料，称为柔版，是一种改良型的凸版。铅字是使用最多的凸版，应用范围有：教科书、事务表格、名片、信纸、信笺、信封等。

凸版印刷技术我们在第三章中将作更为详细的介绍。

2. 凹版印刷

凹版印刷是用凹版进行印刷的技术，简称凹印。凹版通常采用铜或锌板作为版材，通过腐蚀、雕刻等手段进行图文刻画。印刷时，整个凹版表面均匀地覆上油墨，然后用布或报纸从表面擦去油墨，因图文部分凹陷故仍留有油墨，最后将纸覆在印版上面，加压，油墨便印在纸张上面（图1-7）。凹版刻划的凹槽具有一定深度，容易造成油墨堆积，印出的油墨也有一定厚度。纸钞是我们最常见的凹版印刷品，还多见于股票、礼券、邮票以及商业性信誉凭证等。

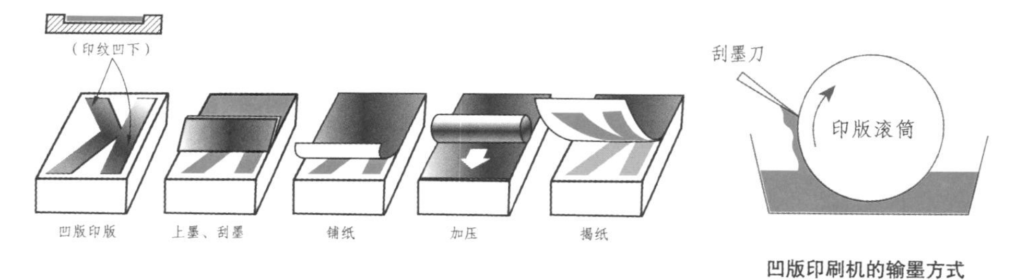

图1-7 凹版印刷原理

凹版印刷还大量应用在包装工业生产中，特别是透明薄膜、铝箔、塑料薄膜等包装材料的印刷（图1-8）。包装印刷凹印与印刷图文的凹印不同，主要是承印材料和油墨的差异。卷筒凹印生产流水线，可以在圆周方向重复印制，油墨无毒、无味，印刷成本低，而且可以将小幅图像精致、细微层次，高质量地印制在又薄又柔的印刷材料上，为此在薄膜包

图1-8 凹版印刷在包装印刷中的应用[3]

装中得到广泛的应用。目前市场上可见大量的糖果、方便面、蛋糕、糕点、馅饼、汤料、咖啡等产品的包装都采用凹印方式印刷。

3. 平版印刷

印版上图文（着墨部分）和空白（非着墨）部分几乎处在同一平面，利用“油水分离”的原理来进行印刷（图1-9）。印版先用水湿润，非印刷部分吸收适当的水分，而印版上印刷图文部分实际上是一层富有油脂的油膜，排斥水分保持干燥。随后在印版上再均匀地施于油墨，湿润的非图文部分印版不着油墨，而干燥的图文印刷部分印版则附着上了油墨。印刷图文部分和非印刷部分得以区分。现代平版印刷往往不是纸张直接接触印版印刷，采用一种叫“间接印刷”的方法，通过一个橡胶滚筒转移印刷到纸张上面，故平版印刷也习惯地称为“胶印”。

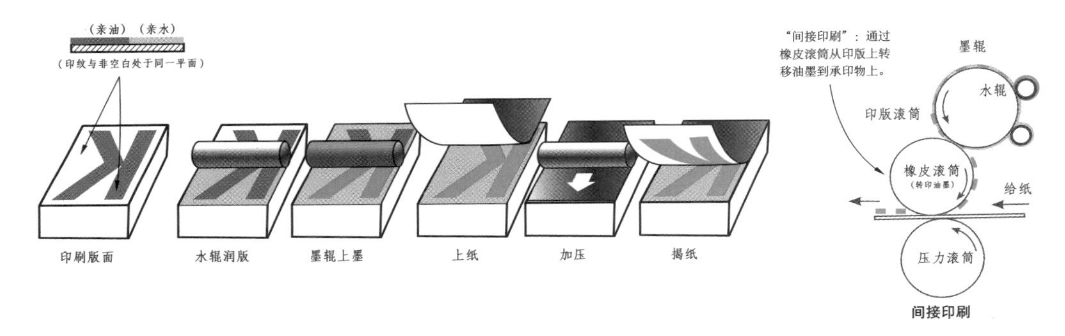

图1-9 平版与胶印原理

早期的平版印刷是由石版印刷发展而来，版材使用石块，之后改良为金属锌版或铝版为版材。平版胶印广泛应用在海报、样本、说明书、书籍、画册、月历等印刷中。

我们将在第五章中介绍平版胶印的企业化生产。

4. 孔版印刷

孔版印刷源自我国古代手工艺人的一种印制花布的印染技术，称滤过版或网版印刷。其中丝网印刷也称为丝印、网印。丝网主要采用蚕丝，或者尼龙、涤纶、不锈钢等材料制成。丝印的制作成本低，印制程序灵活变化适应特殊环境要求，适合小批量生产。现代丝印技巧已经相当先进，应用于大型海报印刷，塑料、玻璃、金属等铭牌印刷。

孔版同样是平版，不过孔版的图文印刷部分是透空的，油墨可以在

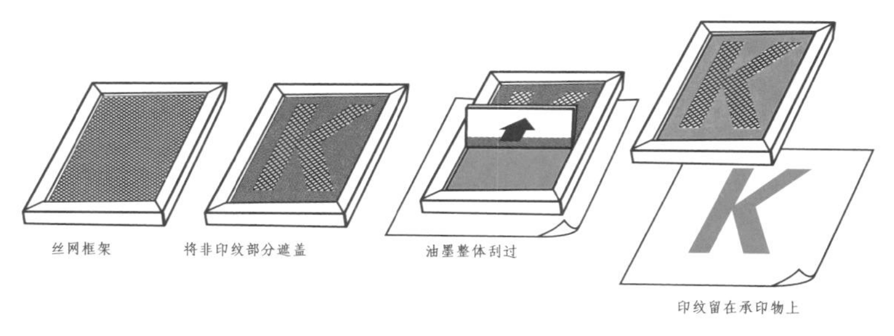

图1-10　丝网印刷原理

刮板作用下漏印至印版下面承印物上（图1-10）。丝网布是使用最多的孔版材料，丝网印刷也成为孔版印刷的代名词。

丝网印刷油墨浓厚，色调鲜丽，工艺简单，操作方便，适用范围极为广泛。丝网印刷既用于版画艺术作品创作，也用于工业包装印刷生产。我们将在第四章中通过丝网印刷实验掌握其工艺。

每一种印刷技术都有其特点，图文表现时各有长处和短处，有些印刷品同时使用多种方法印刷，达到完美表现。

根据印刷品表面油墨的不同性状，我们可以判断其印制的方法。从印刷色彩表现来看，凹印以强大压力将凹陷处油膜拉出，油膜具有一定厚度，色调最为浓厚；其次是网版印刷，同样具有较明显的油膜厚度，色调较为浓厚；在凸版印刷中，图文印刷部分着墨直接作用于承印物上，油墨受到明显挤压，色调表现力受到一定影响；平版印刷因水胶着墨以及间接印刷的缘故，色调表现最为柔和。

不同的印刷方法造成不同的画面效果，形成不同的平面设计风格。凸版印刷的图文轮廓边界清晰明确，印刷图文简洁利索；平版胶印最适宜表现层次过渡丰富细腻的图像影调，优良的平版胶印画面色彩柔和自然，细节丰富而动人；凹版印刷的特点决定其画面多为细密线条组成，形成特有的致密画面风格。

实际应用中，很多印刷品往往并非由一种印刷技术完成。尤其像产品的包装印刷，为了达到特殊的视觉效果，人们往往在包装印制过程中使用多种印刷技术。市面使用较多的有平版胶印印制图文，凸版烫印金箔，丝网印制UV等，某些特殊用品也习惯使用多种印刷手段，例如证卡、邮票、证券等。像邮票这样的有价票券只有国家印刷企业才能印刷，常用到的印刷技术就包括胶印、间接凸印、凹印、雕刻凹版印刷，以及这些技术的综合应用。为了防止伪造，这些印刷品采取了很多的安全措施。许多国家还将邮票和银行钞券视为一种质量标准。

四、数字化时代的印刷

电脑技术的发展给印刷带来革命性的变化。目前，数字化已成为整个印刷行业发展的潮流和方向，总的来看，数字化技术在印前、印刷、印后以及印刷流程数据管理上都有体现，尤其在印前环节体现得更为完整与彻底。直接制版（CTP）、数码打样、数码印刷以及数字化流程是近几年发展最快的领域。

无版无压印刷（NIP系统）将大大改变人们以往对印刷的认识，它无须制作印版，只需通过静电成像和喷墨两项技术便完成印刷，这种类似复印和打印的印刷方式是完全基于数字化的基础。在生产和管理方面，数字化管理的JDF工作流程依靠数字和网络技术，将印前、印刷和印后整合成一个完整的系统。这个系统将印前、印刷和印后生产数据进行联网，进行连续不间断的质量控制。这个系统甚至可以载运印刷环节的工作说明，填补生产和管理的沟通差距，对印刷品进行预测和评估，追踪实时进度，客户可以通过它远程确认打样，定义流程并跟踪进度。无论多么复杂的印刷、装订、分包、传送工作流程都能利用这个数字化系统进行管理。伴随着数字化技术日益发展成熟，印刷业正在发生一场革命性的转变，我们必将迎来一个全新的数字化印刷时代。

我们还同时进入一个数字化阅读时代，电子媒体、互联网等新媒体功能的增强对印刷媒体产生强大的竞争压力，大有取而代之之势。为此，有不少人发出数字化阅读是印刷终结者的悲观论调。我们看到的事实是，印刷工艺一直在积极吸纳数字化技术，对新技术表现出极强的适应力。未来的印刷工艺能整合纸质媒介和数字媒介，定点、定时、定量地组织个性化生产，体现出极强的媒介变通性。在市场方面，根据“世界信息资源”调查显示，1995—2010年15年间，电子媒体市场与印刷媒体市场份额比由原来的3:7变为5:5，即使这样，印刷媒体每年的产量却依然保持每年3%的增长率。虽然新媒体的兴起给传统印刷市场带来巨大挑战，市场份额有所萎缩。但是，我们还看到不管数码产品如何强劲增长，印刷媒体的市场依然很大。大多数人希望使用更多的印刷媒体，如此看来，新旧媒体的互动关系已经建立起来。正如历史上人们曾经预言广播取代印刷，电视取代印刷，网络取代印刷一样，今天的现代印刷依然是主流传播媒体之一。

从历史上看来，印刷品曾经是信息承载的主要媒介，担负着数量繁重的信息承载任务。在现如今这个数字化阅读时代印刷品不再是媒介的独立主角，其得以从所担负的承载任务中解放出来，回复到它在“物质”向度的本来面目。物质向度的印刷品不但从平面角度考量传递信息的功能性，还从产品本身出发，从材质、结构、功能上着眼，以人为尺度满足人们阅读的多种体验，印刷品越来越充满着人性化魅力。

数字化时代，对印刷设计师提出了更高更全面的技术要求。印刷工艺流程中无论从图像摄入、图文处理、印前排版，还是印版输出甚至无版无压印刷，再到印后，生产步骤和生产方法对数字化日益认可。数字化工作流程趋于网络化，具有节省时间、节省材料、提高质量的优势，但同时也对员工技能提出了新的要求。新技术条件下的印刷设计师不再仅仅局限在对模拟样稿的管理，还拓展为对信息与数据的控制与管理。新技术给印刷设计师带来更新更广的空间。

课后练习

1. 试列举你所知道的印刷品类型。
2. 试从文化传播的角度，论述印刷对社会发展的作用。
3. 试从商品传播的角度，分析印刷的作用。
4. 试调查某地区的印刷市场情况。

第二章 印刷工艺流程

02

一、印刷流程中的主要问题

首先我们来思考，你手中这本书是怎样印刷生产出来的？

实际上为了你能读到这本书，作者在几年前就开始准备素材了，这些素材中有记在笔记本上的读书笔记，有存在电脑里的Word文档，另外作者还在纸上勾画了很多的插图和示意图，收集了一些印刷图片，拍了许多资料照片，作者把这些素材备齐，按顺序编排好，统一交到电脑印刷设计师的手中，等待印前排版。

我们知道书本最后是在印刷机上印出来的，印出来后装订成册做成成品。但是从原稿素材到印刷机印刷中间发生了什么？印刷机是怎样把书稿印出来的？印刷品又是怎样被装订成册的呢？如果你就是那位印刷设计师，你收到我的这一大堆原稿后该怎么做呢？（图2-1）

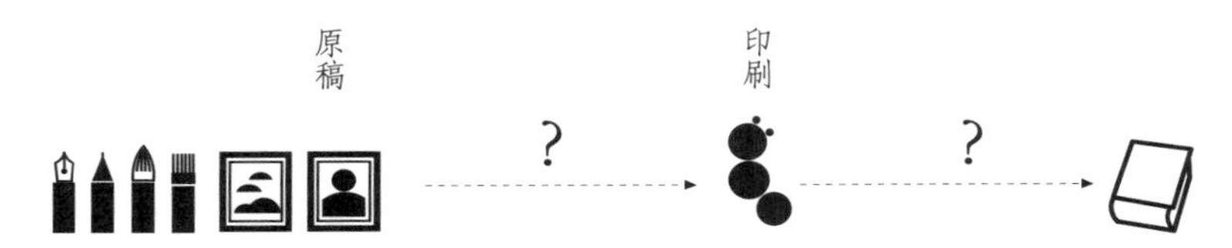

图2-1　印刷工艺流程：从原稿到成品

一个印刷设计师必须熟知整个印刷工艺流程。了解印刷工艺流程不但能使设计师按工艺要求完成工艺设计，还能够掌控任务的生产工序、时间和成本。

按照事务项目，整个印刷工艺流程如图2-2所示。

图2-2　印刷工艺流程：设计制版

我们把印刷工艺流程分为“印前—印刷—印后”三个环节。印前环节完成图文排版并负责把原稿制作成可供印刷机印刷的印版；印刷环节涉及对印刷机械的操控，印刷技师按照印前设计的质量要求把印版上的图文转印到承印物上；印后则是对完成图文印刷后的承印物做特定工艺处理，例如覆膜、裁切、烫金、装订、模切等。三个环节紧密相关，印前环节制作印版，必须考虑到整个工艺流程的设计，是整个印刷品生产线的启动端；印刷环节是复制的实现阶段，印刷的生产特征得到充分体现；印后则是整个流程的最后完成阶段。

目前，数字化印前技术已经普及，印前设计师把各类原稿转化成电子文件，在电脑软件中进行图文排版，最后通过激光照排机输出形成透明胶片（菲林），或者直接输出PS版，完成印前制版工作。我们以平版胶印生产流程为例，按照材料来划分，将图2-2印刷工艺流程可以转化为图2-3所示内容。

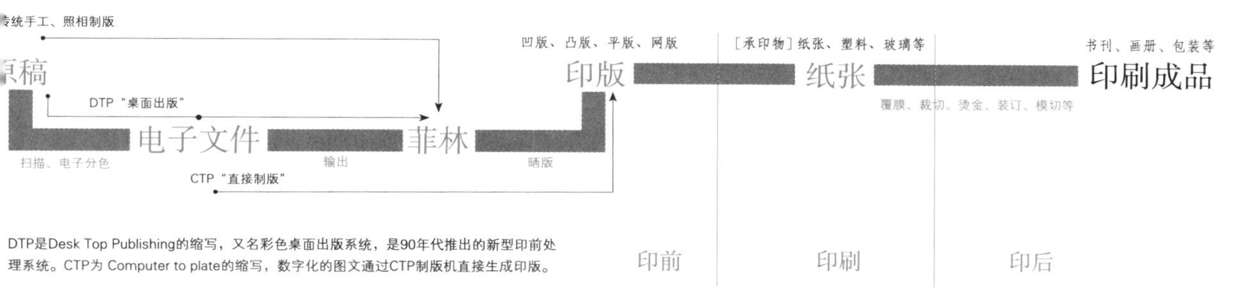

图2-3　印刷工艺流程：技术点

根据上图我们可以判定，整个印刷工艺流程从技术层面来看实际上就是解决以下几个问题：

原稿怎么变为电子文件？

电子文件怎么输出成菲林（或印版）？

菲林如何转印到印版上？

印版如何印在纸张上？

纸张如何做成印刷成品？

……

以上是印刷流程的主要问题，也是印刷设计师必须掌握的主要技术内容。

二、印前环节

1. 原稿

模拟原稿：照片、底片、画稿、手写原稿、打印稿、印刷稿等。

数字原稿：数字文本、数字图像、数字图形等。

高质量的原稿是决定印刷品品质的首要条件，只有高品质的原稿才有可能成就好的印刷品，素质差的原稿肯定做不出好的印刷品来。这里说的高质量，一方面指原稿的艺术质量高，具有动人的形象、色彩等；另一方面还指原稿的技术质量高，例如原稿的大小、整洁度、清晰度等。对于电脑绘制出的矢量图形来说，任意放大缩小不损图形的质量，而像照片之类的位图则不同，这些图像在不同媒介的使用时，在质量方面有不同的考量。在商业设计中特别注重图像的质量，往往花费专门的时间和金钱以获得高品质的图像。

不少人喜欢在网页下载图片，这种图片用于商业印刷一定要注意两方面的问题：一是版权，网上图片必须得到作者授权方可使用。二是图片质量，网上的图片往往是经过压缩，图像质量受到损坏，不能得到完美品质的印刷品。得到授权使用的图片需授权方传送高像素的大图。

2. 电子文件

文字稿可以直接通过键盘输入，创意图形也可以在专业软件中创建生成。现在数码照相机得到普及，人们能很轻松地拍摄出数码照片。当然，不同的数码相机拍出的相片质量各不相同，一些要求较高的图像往往是委托给专业的商业摄影公司拍摄的，数码图像处理已经发展成专业化的工作。

模拟原稿则必须通过“扫描”才能生成电子文件。常见的办公用平板扫描仪可以用来扫描普通的图文，高质量的图像扫描必须借助高端的滚筒扫描仪或电子分色机来完成。不同的原稿有不同的扫描操作要求，例如，底片扫描需有专门的透扫装置，印刷稿扫描还要做“去网纹”处理。高质量的图像扫描还必须由专业的人员作针对性的色彩调控。

3. 排版

所有的原稿素材都准备好了以后，就可以在电脑中完成排版工作了。电脑软件能够很方便地按照操作者的意图进行图文组合。

目前有Mac和Windows两种操作系统平台，每种操作系统内都有相应版本的专业应用软件，它们包括：

矢量软件:CoralDraw, Illustrator, FreeHand等；位图软件:PhotoShop, Painter等；组页软件:QuarkXpress, PageMaker, InDesign等（图2-4）。不同的软件具有不同的功能，操作者需经专业的学习才能完全掌握。

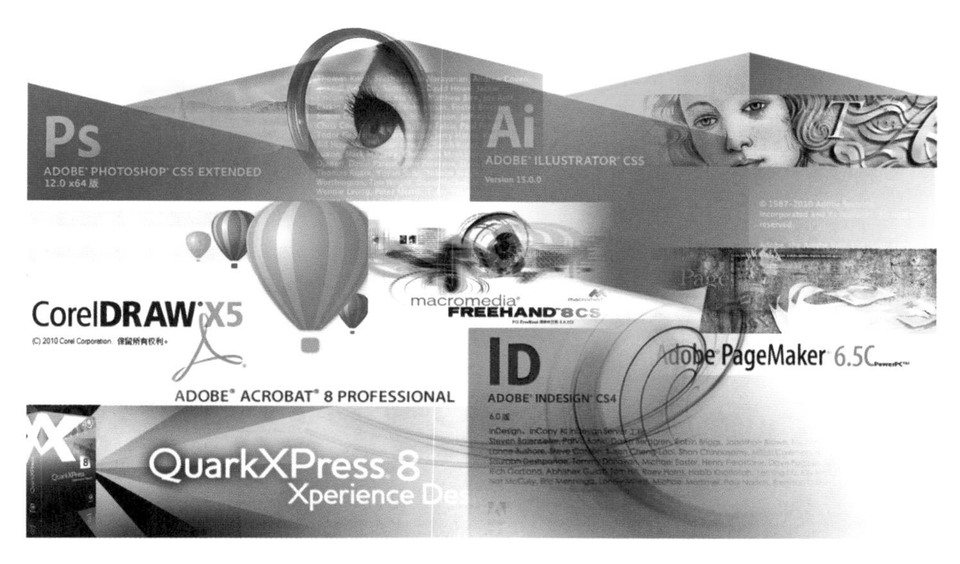

图2-4　各种印刷制版软件

电子排版完成后，在输出菲林前还必须做输出前的检查，包括：检查文件格式是否正确，链接文件是否缺失，图像模式是否为CMYK油墨模式，分辨率是否达到印刷要求，字符是否需要转成路径以防字符缺失，专色设定、叠印设定是否正确等。检查工作有利于确保菲林正确输出。（电脑印前操作在第六章专门介绍）

4. 输出菲林

排版好的电子文件通过专门的设备可以“打印”得到高精确度的黑白胶片，这种胶片被用来晒版。人们习惯上称这种胶片为“菲林”，输出菲林其实是电子文件经过照排机的RIP解释计算，完成“挂网”，再经过感光和显影处理输出成黑白胶片的过程。（平版通过网点来表现图像影调，网点的秘密在第五章专门介绍）

菲林中黑的部分遮光，透明部分透光。透光度是菲林考量的重要指标。菲林中的黑色实际上是银氧化成的卤化银，跟照片显影是一个原理。卤化银具有很好的遮光性。

电脑中编辑排版的图文信息此时变成可触摸的实实在在的胶片。菲林上的图文信息，比例大小和最终印刷稿是完全一样的，只是没有色彩而已。

在印刷中，一张菲林代表一个色版，有多少套色就有多少张菲林。人们常在菲林的四周标记印版的记号，如咬口、套准十字线、色标、颜色监测控制条等（图2-5）。

图2-5　菲林输出

人们可以在菲林上进行操作达到修改图文的目的，例如用刀刮掉黑色的部分使胶片透光，贴上遮光材料（红膜）使胶片遮光。一些艺术家创作版画时手法更为灵活，在胶片上进行绘制、涂抹、刮擦等技法期望得到特殊的艺术效果。

菲林输出后需要做菲林检查工作，包括表面是否有脏点、划痕，尺寸是否有误，图片文字是否缺失或错误等内容。

5. 晒版

菲林的使命在于使印版感光晒版，图文信息转印到印版上才可以上机印刷。将菲林上的图文信息通过曝光转移到涂有感光材料的印版上，这个从软片到硬质印版的过程称为晒版。丝网版的感光胶层通常是现场调制，现调现用。而工厂平版胶印中使用的PS版因为预先就涂布了感光层，使用起来非常方便。印版经感光后，胶片透明部分受光，受光的感光胶发生化学反应。胶片黑色的图文部分不透光，起到遮挡作用，印版这部分感光胶不发生变化（图2-6）。晒版后的印版经过冲洗、显影，便制成可以上机印刷的印版了。

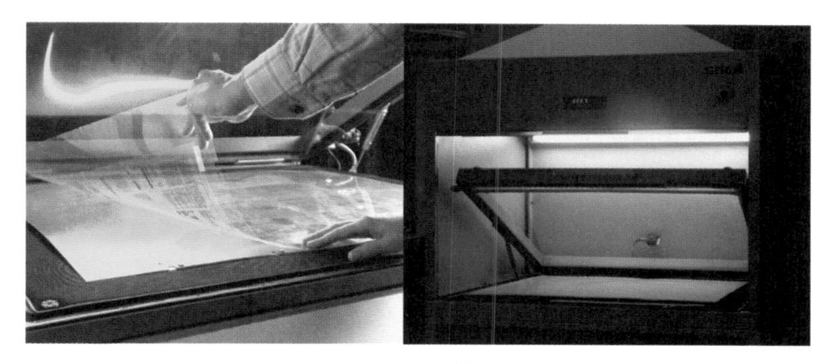

图2-6　平版晒版[3]

6. 打样

在大批量印刷之前，利用印版印制少量的样稿，以备检查校对用，这个工作叫做打样。打样是印刷工艺流程中很重要的一个环节，打样稿既是印前校对、审核、确认的重要文件，又是批量印刷时色彩参考的重要依据。在平版胶印实践中，目前主要使用平版打样机进行打样。平版打样机对胶印进行模拟印刷，油墨、纸张和印版都和胶印机一样，可以最大程度地接近实际印刷成品样。和胶印机不同的是，平版打样机印版是平铺在印台上，而胶印机是把印版卷在滚筒上。数码打样是通过软件对色彩进行管理，用墨水或墨粉模拟油墨的色彩，尽可能地接近印刷品的印刷色彩。数码打样稿色彩与实际油墨印刷的色彩会有一些差距，但数码彩色打样有着许多优势：

速度快　可以直接输出计算机制作好的版面，免去传统打样的出片、晒版等中间环节，可以在很短的时间内得到样张，提高生产效率。

成本低　由于免去了胶片和印版的消耗，即使改版也不会造成材料的太大浪费。

投资小　与传统打样设备相比，数码打样设备的投资要低得多。

操作简单、一致性强 数码打样的过程完全由计算机控制，人为干预因素少，能够保证样张的一致性。传统打样受晒版、显影等人为因素影响，很难保证样张的完全一致性。数码打样也特别适合像直接制版、凹印等不易打样的工艺配合使用。数码打样越来越受到人们的欢迎。

三、印刷环节

1. 纸张

纸张是由植物纤维加入填料、胶料和色料等成分加工而成。构成纸张的原材料主要有稻草、竹木、棉麻等，原料不同，构成纸张的性质也会不同。纸张可分为涂布纸和非涂布纸。涂布纸一般指铜版纸（光铜）和哑粉纸（无光铜）两种。多用于彩色印刷。非涂布纸通常指胶版纸、新闻纸等，多用于信纸、信封和报纸的印刷。

铜版纸英文原名为Art Paper，是19世纪中叶，由英国人首先研制出来的一种涂布加工纸。Art Paper是把含有瓷土的涂料，均匀地涂布在原纸的表面而制成的纸张。Art Paper在国内20世纪30年代曾直译为"美术纸"，当时流行用铜版腐蚀制版技术印制名画，大多使用这种"美术纸"，人们便习惯称这种纸为"铜版纸"。铜版纸分单（面）铜、双（面）铜、光（面）铜、无光铜等。由于Art Paper造纸原理像妇女脸上涂粉类似，香港称之为"粉纸"。

铜版纸因为表面光滑，具有良好的油墨附着性，在网点印刷上有良好表现。铜版纸大量应用于书刊画册印刷，目前市面上图片类杂志90%以上采用铜版纸，是印刷业使用最多的纸张之一。在实际使用中，光面铜版纸的反光会影响阅读，因此不适于大量文字的文本印刷。铜版纸表面光滑，也不便于书写。另外铜版纸密度较大，书本到一定厚度，手感显得沉重。以上特点，在铜版纸选用时应予考虑。铜版纸克重通常在70~350克不等，300克以上的人们称之为"铜版卡"。

胶版纸是在木浆原纸表面施胶而成。纸张表面光滑度、密度比铜版纸略差些，但油墨吸收均匀度、平滑度都较好，而且纸张表面不反光，特别是着墨性好，适合书写，广泛应用于书刊、信笺、信封印刷等方面。市面上的胶版纸克重通常在50~180克不等。

特种纸是相对于大纸（铜版纸、胶版纸）来说的一个俗称，我们常说的“特种纸”正式名称应为“花饰纸”（Fancy Paper）。常见特种纸品种有：滑面、蒙肯、雪花等，不同的品牌有不同的命名方式，具体要向纸商咨询或以纸样为准。特种纸在印刷应用时应注意以下问题。例如，有的纸会引致图文色差，有的不适合大墨底印刷，有的不适合烫金，有的油墨不易干燥。还要考虑纸张对网线的适应性，如蒙肯150线，瑞典白卡200线印刷等。

纸张种类繁多，除以上列举之外，常见的还有新闻纸、轻质纸、牛皮纸、毛边纸、字典纸以及合成纸等（图2-7）。

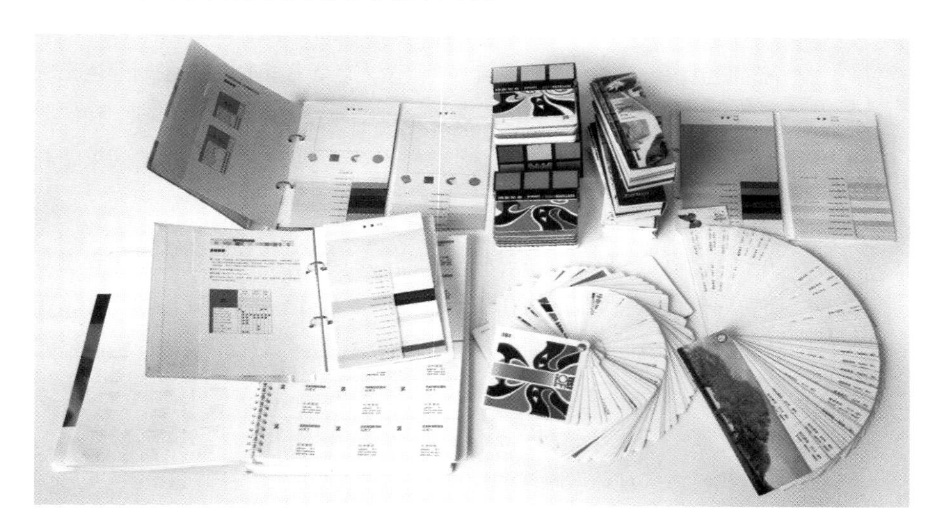

图2-7　由纸张公司推出的各式纸张样本

2. 油墨

表现色彩是印刷中的一个重要课题。印刷品中的色彩主要是通过油墨来实现的，印刷中油墨需要经过调配使用。调配油墨主要有以下几个方面：（1）调节油墨的干燥度、黏稠度、流动度等。（2）调配彩色油墨。（3）调配特种油墨。调配油墨是一项细致而重要的工作，调墨的质量往往直接影响印刷的质量。

在传统的凸版印刷中，调配好的色彩涂布附着在印版上，一块版印制一种色。例如，印制绿色的图样必须事先调制好绿色油墨，涂附在版上印制便得到绿色图样，调配的绿油墨和印制的图样绿色是一样的。

人们发现色彩三原色原理后，可以用红、黄、蓝三色调配出其他的色彩，因此将青（Cyan）、品红（Magenta）和黄（Yellow）称为印刷三原色，后来加上黑色（Black）合称为印刷四色。在理论上印刷四色可以调配出任何颜色。例如要得到绿色可以用青色混合黄色调配而成。“青、红、黄、黑”四种油墨是印刷中最基本的油墨，也称印刷四原色。工业化生产的标准CMYK油墨不同产品之间虽然等级有差别，但色相并无差别。在平版印刷中，色彩的调配并不是通过油墨的事先混合得到，而是通过四原色油墨的细小网点的“空间混合”得到，四色叠印在一起形成复杂多样的彩色，特别是结合网点的不同排列，更可以印出各种具有丰富影调的彩色图像。

在实际应用中，除了印刷四原色，另外一些色彩必须特别调配，这些颜色的实现不是按照印刷四色混合叠印得到，属于四色以外“专门”调配的墨色。另外，像金、银等金属色，萤光色等很多色彩是印刷四色无法调配出来的，这些特殊的色彩效果必须使用特殊的油墨来实现。我们把以上这些四色以外的特殊墨色，称为“专色”。印刷中用专门的版来印制专色。

色彩调配必然出现色彩标准问题，人们对色彩的主观感受是千差万别的，一种表述为“蓝”的色彩，每个人会得到不同的色彩结果。为了在色彩上达到统一，人们制作了色谱和色卡作为色彩比照工具。色谱是印刷四原色按照不同色别、不同配比印制出来的色彩谱系。人们可以根据CMYK的百分比找到对应的位置，查到色彩的样貌。色卡则是按照人们制订的色彩标准体系制作的色样，其中最为知名的是Pantone色系统，该系统编制了常用的上千种色彩，用代码编号将其分类制作成色卡，在全球范围内发行。Pantone色卡用数字编号作为代码与色样一一对应，查找极为方便，目前Pantone色卡已成为一种国际通用的标准色色卡，应用在印刷、染织和工业设计中（图2-8）。

图2-8　Pantone色卡

3. 印刷机器

印刷机器通过机械的手段将印版最终印在承印物上。印刷机器种类繁多，按印版版式分凸版印刷机、凹版印刷机、平版印刷机等；按印刷方式分有平版平压式、平版圆压式、圆版圆压式等类型，按一次印刷色数分有单色机、双色机、四色机、五色机等，还有按纸张形态分为平张纸印刷的张页式印刷机和卷筒纸印刷的轮转机。

平版胶印机是目前使用最为广泛的印刷机，它的基本结构分为供纸单元、印刷单元和收纸单元三部分。胶印机中印版滚筒、转移滚筒和压力滚筒组成其印制系统，采用圆压的方式进行连续印刷。一般的像凸版、凹版和网版印刷的机器较为简单，而平版胶印，特别是印制高质量的大型的平版胶印，机器精度要求特别高，属于高精密机器（图2-9）。平版胶印机性能除了与品牌有关外，还和机器的装配、安装、调试及维护保养等有关。

图2-9 平版胶印机

四、印后环节

印后加工包括纸张（或其他承印物）印刷之后的全部加工内容。印后加工具有多样性，涉及书籍、报纸、包装等。表面整饰加工在印后中最常见，包括金、银光泽加工和特殊功能加工。

金、银光泽加工 电化铝烫印、立体烫金、全息标识烫印、冷烫金、扫金等；立体效果加工：压凹凸、滴塑、压花等；光泽加工：上光、覆膜(亮光、哑光)等；特殊光泽加工：折光、结晶体闪光光泽(冰花)、镭射彩虹光泽、珠光光泽等。

特殊功能加工 涂蜡、浸渍树脂等；复合加工：即涂复合、挤出复合、预涂复合、无溶剂复合等；其他：压感复写、撕裂功能、磁加工等。

书刊装订工艺往往因为产品批量较大，较多地借助自动化程度较高的机器来完成，我们在第六章工厂考察中介绍。近几年，尽管印后加工已经逐步自动化，但还没有达到印前的自动化程度。印后加工工艺种类繁多，机械处理复杂，很多工作仍需要手工操作。这里介绍的是部分表面整饰和包装模切等工艺。

1. 烫电化铝

烫电化铝，俗称烫金，是一种不用油墨的印刷工艺，在包装印刷中广泛使用。烫金工艺是把金属凸版加热后，垫上电化铝纸，压印到纸面上，铝箔烙印在纸上形成印纹。烫金的图文有强烈的金属光泽，可增加印刷品的装饰效果，在商品包装中应用广泛。常见的烫金机器为立式平压烫印机，烫金版固定在烫印机底板上，底板通电加热传递到印版，受热的印版压印金箔到承印物上，图文部分受热粘贴到承印物表面，非烫印部分由于不受压，不粘贴金箔。烫金金箔材料不透明具有很强的遮盖力，可遮盖住承印物上的颜色（图2-10）。

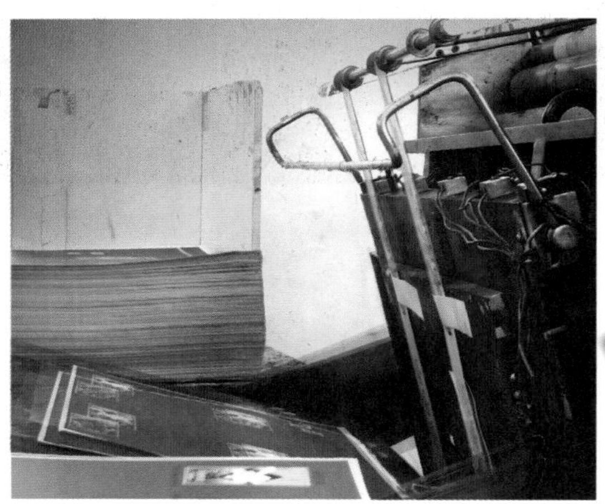

图2-10 烫金工艺

2. 压凹凸

压凹凸又称“击凸”，是另一种不用油墨的印刷工艺，它通过金属版在纸面上施压形成印纹。印刷实践中往往通过一套金属凹凸印模合力作用，在纸张上留下具有立体感的印纹效果。压凹凸的效果取决于金属模具的质量以及纸张的性质。压凹凸一般在平压式凸版印刷机上完成，这种机器外形类似于烫金机，特点是压力大，能压较大幅面的产品，当印件较厚时，可将凸版加热再冲压（图2-11）。

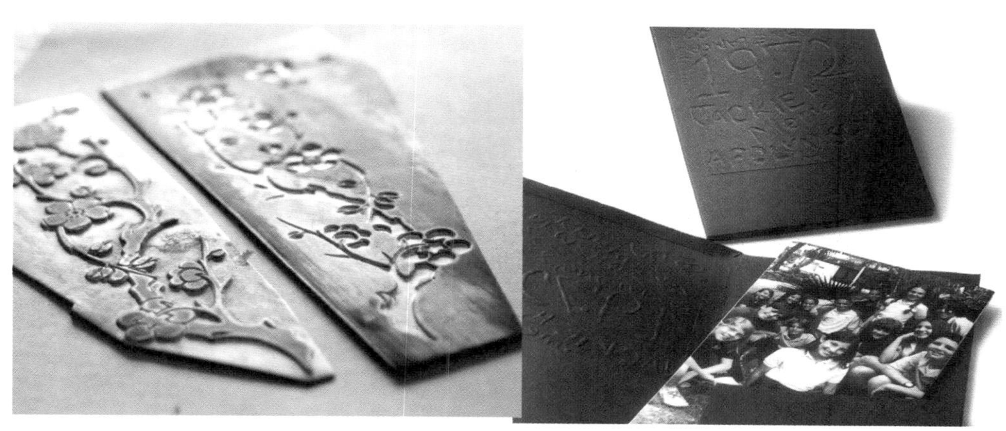

图2-11　压凹凸工艺

3. 覆膜

覆膜是将涂有黏合剂的塑料薄膜经热压复合在纸张表面的一种工艺。覆膜后的印刷品表面多了一层透明膜，外观明亮平整，同时还起到耐磨、防水、防污的作用。塑料膜有亮光和哑光两种，无论何种膜，覆膜后的产品表面以平整、无皱纹、无气泡为佳。由于覆膜过程中有胶水，不利于环保，所以很多产品包装已经开始减少使用这种工艺（图2-12）。

图2-12　覆膜工艺

4. 模切

模切是指在模切机施压，模切刀版将印刷品压切成所需要形状的工艺，在包装盒印制中最为常见（图2-13）。模切工艺关键在刀版。刀版的制作是按照印刷品的尺寸要求，在木夹板上切割出锯缝，将钢刀、钢线等材料嵌入其中，制成可以冲切承印物的版样。钢刀和钢线有很多类型，有的带刃口，有的不带刃口，还有的是间隔刃口，分别起到切断、压痕和切虚线等作用。

图2-13　模切工艺

课后练习

1. 寻找身边的印刷品，讲述出它们的印制工艺特点。
2. 以某商品包装为例，分析其改换其他印刷方法后对其产生的影响。
3. 调查某超市，对其商品包装的印刷工艺做出调查报告。
4. 以某画册为例，试画出其整个印刷生产流程图，并用色笔标出每个环节涉及的人员、时间和工资费用。
5. 收集不同类型的纸张样本，分析其特点和市场应用情况。
6. 试说明在印刷中图像影调是如何再现的。
7. 调查市场包装烫金和覆膜使用状况，作出调查报告。

03 第三章 实验一：凸版印刷工艺

凸版印刷是历史最悠久，工艺最简单的一种印刷工艺。我国古代的封泥、印章以及汉代画像石和画像砖技术都具有了制版和印刷意义的形式。我国用印的历史可上溯到商代，最初是捺于封泥之上呈凹凸形文字，后改为用墨色或朱色印在帛或纸上，雕刻印章，捺于泥帛，被认为是中国印刷术发明的技术先导。为了把刻在青铜器、石碑上的文字转印到纸上，以便于携带和观瞻，古人还发明了一种印刷复制技术——拓印。拓印是将轻薄的纸在湿的情况下，施加一定的压力，使纸按照金石物体的凹凸表面贴附，然后用拓包扑打纸的表面，将图文转印出来。有证据显示，在隋唐时期，中国人就开始利用雕版来印刷经文。此后至明清千百年间，用雕刻制成凸版进行印刷的技术一直是中国印刷的主流，中国的雕版印刷在世界的文化史上也具有重要的地位。

古登堡的发明将金属凸版带入一个辉煌的时代，几个世纪以来，这种刚性印版印刷技术一直占据印刷市场的统治地位。即使当今胶印一统天下的时代，凸版仍不失其独特地位。柔版作为凸版的一种，正成为一种适合工业化生产的品质优良的印刷方式。柔版是一种改良型凸版，其用感光树脂塑料为材料，柔软有弹性，适合在大多数材料上印刷。柔版印刷在包装工业发展势头尤为明显，随着直接制版等新技术的引入，预计未来柔版将会有更良好的发展。

传统的木刻凸版已淡出了社会生产领域，但在艺术创作领域，木刻版画一直是一种主要的艺术表现形式。因为木材资源丰富，价格低廉，同时纹理细密，质地均匀，操作轻便，易于雕刻，所以从一开始起，木刻版画就受到艺术家们青睐。许多杰出的艺术家直接参与刻制，留有大量的优秀作品。创作性木刻更注重采用木刻本身材料、工具的表现技巧，体现木版质感之美，并借此和图像一起传达艺术家的观念和情感。

从艺术表现来看，中国传统雕版使用的是拳刀工具为主的刀具，刻划版面着墨部分使其称为阳文线条，刻工们用精刻细作来体现线条承转起伏的精细变化。中国版画从明万历年间开始形成了风格多样、做工细腻的特色，其中徽派版画线条柔媚，富丽精工、静穆典雅，成为江南雕印版画的代表，北方北京、山东等地版画则保持固有的粗犷风格。明末清初的天津杨柳青、河北武强、山东潍坊等地的木版年画开始走向民间，成为大众喜爱的民俗印刷品。

西方木刻主要以三角、圆口、平口、斜口为主要的木刻工具进行镌刻，这些刀具非常适合在版面上刻出阴线和排线，在表现形式上强调通过排线技巧形成画面的体积、明暗和空间。在19世纪末，保罗·高更和爱德华·孟克的努力使得木刻版画出现全新的面貌，他们用单纯、直接的表现技法，利用版画的材料质感创作出具有鲜明画面语言的版画作品，表现了个人独特的情感。此外，像瓦西里·康定斯基、柯勒惠支、肯特等艺术家，他们的作品各具特点，极具艺术感染力，对后世的木刻版画创作产生了深远的影响。鲁迅先生极为推崇创作型木刻版画，20世纪30年代倡导举办了“木刻讲习班”，开创我国现代木刻版画新纪元。

木版雕刻工具简单，操作方便，艺术类学生掌握了绘画技能，具备一定的造型能力，木刻制版“以刀代笔”，极易上手。通过木版雕刻实验教学，学生由画入技，可以较为方便地掌握凸版的工作原理，为下一步的印刷技术学习打下基础。通过木版雕刻实验教学，学生利用木、石、金属等材料将心中的意象通过原版转印成图画，切身体会版画的魅力，为今后的艺术创作提供技术支持。通过木刻练习，感受绘画与制版复制的差异，培养学生规范有序的实验流程意识，培养良好的设计工作习惯。通过实验培养正确的实验习惯有利于进入后面更为复杂的印刷实验。

一、工作室条件、工具与材料

木刻制版的制作空间相对简单，刻制过程只需要最基本的桌椅和刀具，甚至在教室里就可以完成。理想的木刻工作室应配备结实厚重的工作台，容纳调墨台、印刷机、储纸架、晾画架、储物柜等的足够空间。工作室内应保证良好的光线条件。

1. 木刻刀

按照刀口形状不同，分为三角刀、圆口刀、平口刀和斜口刀四种。这也是最常用的几种木刻刀，不同的刀能产生不同的刀痕。

三角刀的刀刃呈V字形，适宜刻划平直锐利的细线，变换推刀的力度，可以使线条产生粗细变化；用刀尖挖刻能使板上留下尖点状刀痕，侧锋用刀产生不规则线条（图3-1）。

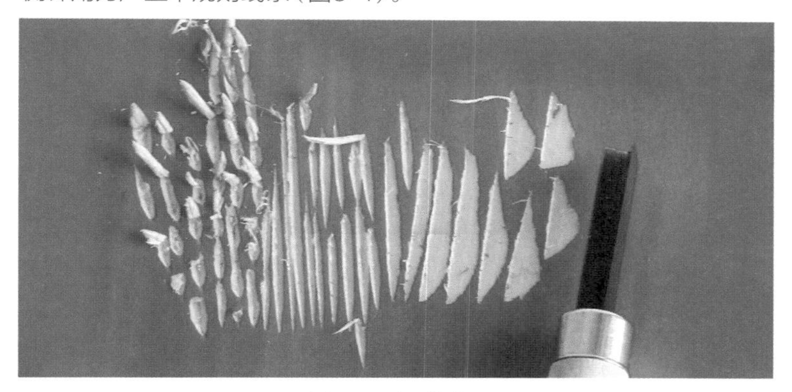

图3-1　三角刀技法

圆口刀的刀刃呈U字形，适宜表现丰润柔和的粗线条。用刀尖挖刻可产生圆点状刀痕，在推刻过程中改变刀口角度，使刀产生高低变化，能在板上刻划出不规则的点线。圆口刀还经常用于大面积的空白铲刻，行刀非常方便（图3-2）。

平口刀的刀刃平直，可斜握推刻，也可垂直切刻（图3-3）。

图3-2　圆口刀技法

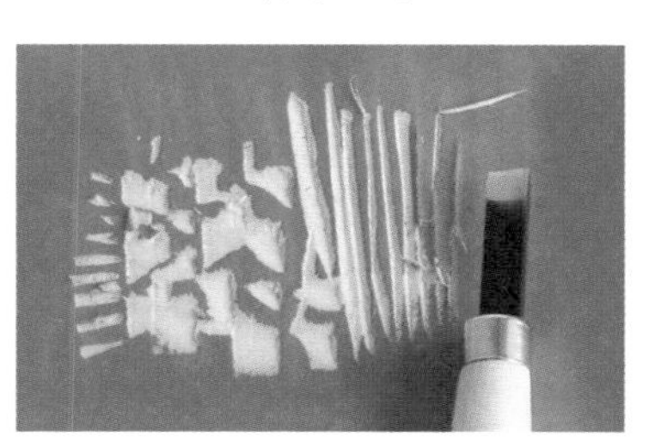

图3-3　平口刀技法

斜口刀是一种辅助工具，刀刃斜线状，一侧呈锐角，主要用于拉刻线条（图3-4）。

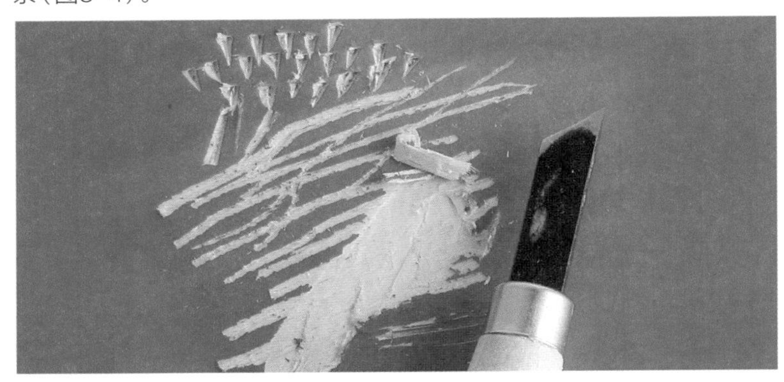

图3-4　斜口刀技法

其他种类的切刻工具（图3-5）。

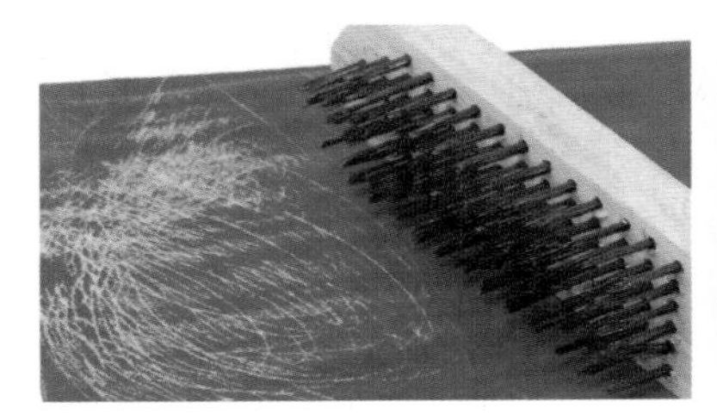

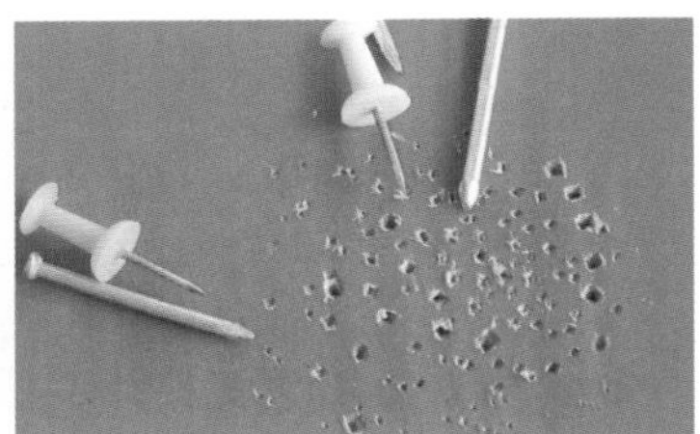

图3-5　其他工具

2. 版材

用于木板雕刻的木板有梨木板、枣木板、椴木板等，这些板木质纤维均匀，少有疤痕，木质坚硬程度适中，便于运刀。一般的美术用品商店都有现成的版画木夹板供应，常见的有椴木夹板或桦木夹板，优质的椴木夹板表面纹理清晰，木质细腻，夹板表里木层质地相同。夹板版材尺寸标准，方便实用，非常适合学生雕刻制版实验用（图3-6）。

图3-6　夹板版材

3. 油墨辊

油墨辊是将油墨上到版面上必不可少的工具，由手柄和墨辊两部分组成。油墨辊质地有两类：硬质油墨辊和软质油墨辊。硬质油墨辊吸附油墨的能力稍差，但滚墨时可以避免将油墨挤到版的凹槽里，因此一般用来滚印刻制精细的木版，而粗犷的木版画则可以使用软质油墨辊来提高上墨效率。油墨辊有大小不同规格，视具体情况分别选用（图3-7）。

图3-7　各种尺寸的油墨辊

4. 油墨

油墨一般是油性的，新型的水性油墨用阿拉伯树胶、醇和甘油载色剂等物质调配而成，可以用水冲刷版面，清理起来更为方便。水性油墨没有传统的油性墨那种油光发亮的质感，色彩更显雅致而沉稳。另外，除了印刷专用的油墨，也有不少人用绘画颜料（水性或油性）来用于印刷，可以得到不同的画面效果（图3-8）。

图3-8　版画油墨

5. 调墨台

调墨台最好使用玻璃或者是大理石台板，尤其是白色大理石为最佳。因为白色大理石台板不吸油，质地坚硬，能够耐住调墨铲等金属物的蹭擦，而且白颜色可以清晰地体现油墨色泽。调墨台面备有位置放置常用的调墨铲、油墨辊、松节油、抹布等物件（图3-9）。

图3-9　调墨台

6. 木版印刷机

现在使用的通常是滚筒式木版印刷机，这种机器和铜版画的机器基本上是一样的，操作大的转动盘可以使底盘产生水平运动，调节金属滚筒的上下位置来调节印刷的压力，纸和印版紧密接触实现印刷功能。木版印刷机最重要的是两边的压力要均匀，使用中要细心调试。一般底盘是由钢板制成，操作转盘时要注意底盘运行的位置，避免底盘滑落伤人。印制过程中版和滚筒之间通常会铺盖一块羊毛毡作隔垫，缓冲滚筒的压力，确保底盘上没有手机、钥匙之类的异物，更不可将手放在滚筒附近，以免机器运行时发生事故（图3-10）。

图3-10　木版印刷机

7. 纸张

木版印刷用纸有专业性的版画纸。国外专业性的版画纸都是手工制成，自然植物纤维韧性强，吸水性能好，绵性十足，有手工生产形成的自然毛边，纸质颜色稳重、着色力强。中国传统的单宣和夹宣都是很好的木版印刷用纸，制纸时捞制一层制成一张宣纸，此称为单宣，捞制两层或三层四层做成一张宣纸的，称为夹宣。因为层数的原因，单宣薄，夹宣厚。夹宣应挑选没有夹层气泡或起层的产品。除此以外，各具特点的各式纸张，也可以在印刷过程中实验性使用。

8. 晾画架

一种为市面上由多层金属网格制成的晾画架，金属网架可以收起，使用时放下金属网格便可供印张水平晾放。一般从下层往上放置，收纸时从上往下收（图3-11）。另外还可以自制木材带滚珠的晾画架，这种晾画架安装在房屋顶部，占地小，适合纸张垂直吊挂。

图3-11　晾画架

9. 工作室注意事项

正确的操守同样也是学习的重要内容。因为工作室涉及的材料多而杂，而且整个印刷实验都在工作室内完成，因此实验者必须认真遵守实验规范，完成各项操作，做好实验记录。工作室内必须始终注意保持整洁有序，各种用途不同的纸张、工具、抹布必须分类，按指定的位置存放，如放错容易造成污染、损坏或混乱。像松节油之类的溶剂用后需及时拧紧瓶盖，以防止碰翻洒漏，并防止溶剂挥发。工作室容易产生木屑、废纸、废墨等废弃物，应按指定位置处置废弃物。备灭火器，做好防火工作，常清扫，防尘防污。

二、木版印刷基本操作

1. 图稿

用单宣或薄的拷贝纸裁出与版等大的纸样，用铅笔在上面绘出大稿，在大稿中进行画面内容和刻制刀法的初步考虑。图稿只需要大的意图即可，不需要太多细节。为了显示更加清晰，最后定稿后可以用黑色油性签字笔画出图稿轮廓（图3-12）。

图3-12　草稿

2. 刻版

涂蜡　刻前必须对版进行抛光和硬化处理，确保版材表面平整。硬木版材经细砂纸打磨后即可用于刻制，木质较软的版材可以通过烘蜡、油漆等办法进行处理，版材脆性增加有利于刻制。方法是先将石蜡涂布于版面，然后用电熨斗加热，蜡液渗入木纤维。将多余蜡液拭除，待版自然冷却（图3-13）。

图3-13　涂蜡

涂漆　木版表面处理好后，在版面再涂刷一层红色的丙烯颜料，一来增加版的脆性，二来红色版面刻入后露出浅色的木色，很方便刻制过程中观察图稿（图3-14）。

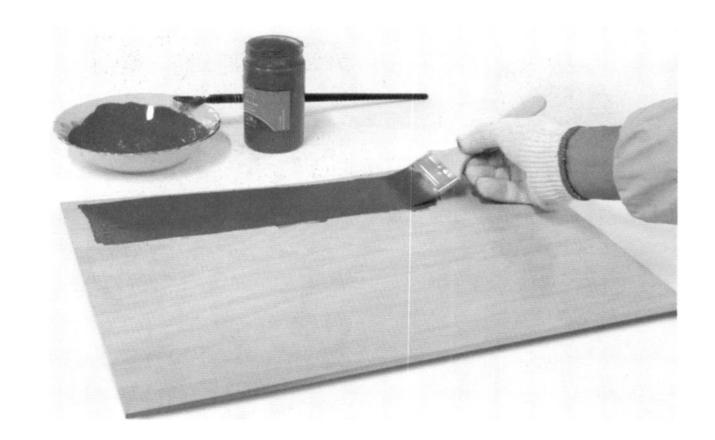

图3-14　涂漆

转稿　将画稿翻转粘贴在涂有浆糊的版面，待纸干后重新将其略微润湿并用手指轻轻摩擦，慢慢把纸蹭薄，尽量让墨迹清晰。版面晾干后即可开始刻制了（图3-15）。

图3-15　转稿

刻制　先在木版四周铲挖出1厘米宽的边，预留印版把手位置。木版刻制是做减法，挖刻下去的地方凹陷不着墨，是画面的白色部分，不刻的地方凸起着墨，是画面的黑色部分。

刻制时画稿只能作为参考，不能照稿临摹，发挥刻制时的随机性和创造性。木版既是印版，也是创作的材料。刻版时“以刀代笔”，利用不同的刀具在木版上刻制出不同刻痕来塑造画面。刻制过程中注意观察画面的整体关系，从画面最白的部分开始，其次处理中间灰色调，最后刻出黑色块中的深灰色部分。刻制应边刻边想，可根据刻时的实际情况对版面作出即时调整。刻制的过程，也是创作的过程（图3-16）。

图3-16　刻制

修版　当版刻将要完成时，需将木版上的稿纸用水洗净，版上显现出清晰的红色图样，此时仍可在版上对图样作进一步修整。清除印版上的水分和杂质，即可施墨试印（图3-17）。

图3-17　修版

3. 印刷

调墨、上墨　取适量油墨于调墨台上，用墨铲反复调压，测试其流动性。如果油墨过于粘稠可加入适量的6号调墨油或亚麻调色油。用墨铲将油墨平铺在调墨台，用胶辊往复滚动，使墨台和胶辊都布满薄而均匀的一层油墨，然后用胶辊反复滚碾印版，直至版面油墨均匀。注意控制油墨量，油墨过少墨迹不清，过多则渗入刻痕，造成糊版（图3-18）。

图3-18　上墨

手工印刷　将印纸卷成筒状，预留出5厘米以上的纸边，对准印版一侧在版上徐徐展开，铺压平整纸张，用磨印工具从中间向四周压磨，直到图形全部印实为止。

机印　把施墨后的印版放置在印刷机版床上，覆盖上印纸，再覆盖毛毡，徐徐转动手柄，匀速行进，中间不要停顿。印版滚到另一端后便可揭开印纸，观察画面效果或压力情况，调整机器压力妥当，即可依照程序，逐次施墨，成批印刷（图3-19）。

图3-19　机印操作

作品题签：印刷实验完成后，应该在印刷品页边留白处标注实验有关信息，主要包括作品名称、操作者、时间、印刷的数量等，作为印刷实验的记录。

作为艺术品的版画有一套规范的签名格式，国际惯例通常以阿拉伯数字的分数形式书写印数编号，分子为印刷序数，分母为总张数，例如，标注为25/50的作品为50张作品里的第25张。另外，在全套限定版印刷编号的原作以外，艺术家还可以留下5~15张试印品，这些作品不能进入市场流通，必须在编号位置标明其用途的缩写字母：A/P为“试版”（Artist Proof）的意思，P.P.为赠送作品，其中，第二个字母P为Present的意思。此外还有，T.P（Travelers Proof）巡回展览用，B.A.T（Bon Atirer）专业版画印刷师试印版，H.C（Hors Commerce）非卖品，B.N（Bibliothque Natioale）存放于国家档案室，L.C（Library of Congress）存放于图书机构的作品。

版画原作一般使用铅笔题签，除非在特殊材质上用马克笔。题签顺序是：版次编号、标题、版种技法、作者姓名、年份。

4. 清版

印刷完毕后，为防止油墨干结应及时清洗油墨。如果剩墨较多，可以用刮刀收集，并用锡箔纸包裹好，可保存数月之久。操作者带上胶质手套，先清理油墨较少的墨辊和调墨刀，用棉质抹布沾松节油将上面的残墨擦拭干净。清理油墨较多的调墨台时，可以先用报纸擦拭大量的油墨，再用抹布沾松节油清理。最后用棉质抹布沾松节油小心擦拭印版，擦拭干净的印版用纸包好保存。

三、拓展性实验

木刻制版时的刀刻痕迹具有独特的艺术性，深受艺术家的喜爱。作为探索性的凸版印刷实验，在掌握木板雕刻制版的基础上，可以进一步尝试其他的非常规手段。

新的印刷实验可以从制版材料上寻求变化，除了木版以外，纸板、吹塑板、麻胶板、石膏板、铝塑板、金属板也都具有刻画和塑造的特性，这些材料用于制版定会呈现不一样的艺术风格。

新的印刷实验还可以从制版工艺上寻求变化，除了用刀刻画以外，还有很多的办法使版上留下刻痕，钉、凿、锯、磨、刷，甚至腐蚀、烧蚀、粘贴，只要在版上制造出凹凸不等的平面，区分出着墨和非着墨部分，即可印制出图稿。

新的印刷实验还可以从印制方法上寻求变化，例如多色套版印刷，将单块或多块版施涂不同的色料，印制在同一幅画面上，画面达到更为丰富的效果。水印木刻也是在色料和印制方法上改变传统木版印刷，用水溶性颜料结合湿润的纸来进行印制的。改变墨料、改变承印物都可以给印刷实验带来新的体验。

课外思考题

1. 绘画与制版有什么区别?谈谈你的认识。
2. 试总结刻刀是如何表现点、线、面的。刻刀刻划出的点线都有什么样的造型特点?
3. 比较分析中西方木刻制版的技法差异，举例说明。
4. 试分析德国珂勒惠支的版画艺术特点。

图例3-1a 名作中的刻版技法变现(1)[12]

图例3-1b　名作中的刻版技法变现（2）[12]

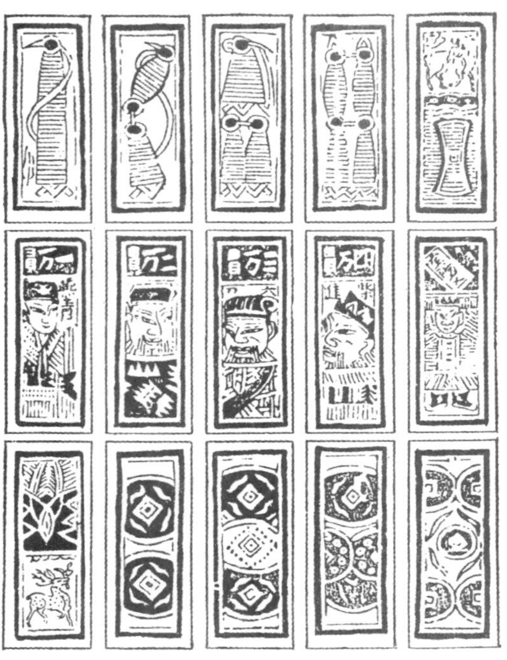

图例3-2　中国纸牌

图例3-3　水浒人物　陈洪绶

图例3-3　自画像　珂勒惠支

图例3-4　桥上恋人　蒙克

图例3-5　无题　罗特鲁夫

图例3-6　划船的人　肯特

图例3-7　工厂　梅斐尔德

图例3-8　缝纫　佚名

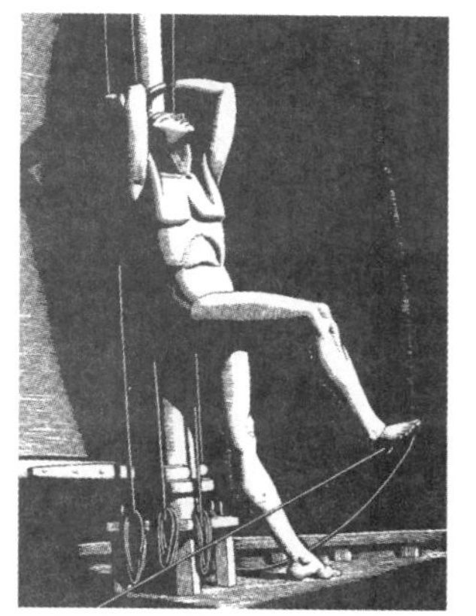

图例3-9　守夜　肯特

图例3-10　诗歌《逃亡者》插图　万徒勒里

图例3-11　组图《战争之三·双亲》　珂勒惠支

图例3-12　池塘　范瑾瑾刻制

图例3-13　花朵　张嘉漪

图例3-14　人像　周楚烨

图例3-15　村庄　郁涵

图例3-16　静物　桑飞挺

04 / 第四章 实验二：丝网印刷工艺

丝网印刷属于孔版印刷的一种，孔版印刷和活字印刷术一样，被世界公认是我国古代发明之一。孔版印刷起源于秦汉时期的夹缬印花工艺，至今已有两千年的历史。据考古发现，我国东汉时期已有相当水平的夹缬蜡染产品，这种工艺到隋代有了大的改进，在印刷中加入丝网，从此夹缬印花就发展成为丝网印花，这是丝网印刷的雏形。到唐代，宫廷中的衣裙已能够用丝网印出精美细致的蜂蝶图案。到宋代，人们还在丝印染料中加入淀粉类胶粉，调成浆料进行印花。用改进后的涂料印出的花纹更加精美动人，后来这种技术传达欧洲，德国和意大利的工人开始使用这种工艺印花。

日本现在还完整地保留有公元8世纪的夹缬印花染织品，说明他们是在隋唐时期从中国学习印染技术的。他们用这种技术在和服上印制出鲜艳的色彩和丰富的图案。早先人们为了使漏孔版图形中孤立的部分不致脱落，需要用到“过桥”把这些“孤岛”连接成一个整体，这样往往限制了图形的精细表现，变得粗糙。日本人后来还改进这项技术，为了解决型版的“过桥”问题，他们将人的头发丝粘贴于型版之上加以固定。头发丝因为很细，所以不影响印刷，而且韧性很好。后来用绢丝替代发丝，形成了最早的丝网印刷，并将此技术传到欧洲国家。

欧洲人将漏版印刷技术印刷墙纸上的图案，受到极大的欢迎。随着墙纸企业的大量推广，漏印技术很快在欧洲流行开来。1905年，英国人塞缪尔·西蒙改良了头发结网的型版印刷技术，发明了绢网印刷技术，并在欧洲申请了技术专利。后来美国人琼·布鲁斯瓦斯对此技术作进一步改造，改为一版多色印刷，将印刷的应用范围进一步扩大到广告招牌的印刷业务中，扩大了丝网印刷的社会影响力。

1915年，美国人首先将感光剂引进到丝网印刷制版中。1925年左右，这项技术真正完善成型。丝网印刷采用感光技术制版，精密图像的丝网印刷成为可能，丝网印刷也开创了具有时代性的突破进展。

也就是从20世纪30年代开始，有不少的艺术家通过纺织工业接触到丝网印刷，并开始采用这种技术作画。丝网版画的直接性、绘画性和生动性吸引着越来越多的艺术家，美国抽象表现主义艺术中，波洛克、杜尚都制作过丝网版画。60年代流行的波普艺术（POP ART）更使丝网版画空前繁荣，劳森伯格、利希腾斯坦、安迪·沃霍尔、汉弥尔顿等艺术家创作出了大量新兴观念的视觉艺术作品，开拓了艺术新景观。

丝网印刷技术扩展了艺术家表现手段，无论是大色域还是光效应，无论是硬边艺术还是影调图像，丝网印刷都可以实现。有人说：只要不是空气和水，其他都可印刷。说的就是丝网印刷的灵便性。丝网印刷因为以丝网为版材，由于丝网是软性的，所以道理上丝网能够将图文印在任何承印物上。丝网印刷出的图文表面平整，色彩均匀，其最大的优势体现于色彩的艳丽表现力。丝网印刷受版材限制较小，可以印制大幅面的作品。目前，丝网印刷广泛应用于纺织、电子、塑料、陶瓷、容器、包装、标牌、广告等诸多领域。丝网印刷设备简易，操作方便，大幅面的多色印刷，多种媒体的综合使用，给艺术家提供广大的创作空间。手工印刷具有一切的印刷技术要领，学习印刷应从手工印刷入手。对于高校教学来说，丝网印刷实验包含了图稿处理，药剂调配，感光技术应用，机器调试和工具使用，对学生具有很大的锻炼价值。比较凸版印刷实验，丝网印刷技术程序更为复杂，特别是感光制版和多色套版的技术，结合现代电脑印前技术应用，有助于学生更好地理解现代平版胶印技术。

一、工作室条件、工具与材料

工作室可按照“制图区、制版区、洗版区、感光区、机台操作区”划分成五大区域，以每班20人实验计算，面积为200平方米为适宜。不同区域对水、电、气、光都有不同要求，应做好规划。工作环境要具有良好的照明条件。有的油墨、溶剂等具有刺激的气味，室内应安装换气装置，保证室内通风。

1. 网框

以往最常用的网框材料是木框，现今普遍都使用铝合金框。采用中空铝型材制作的网框具有轻便、尺寸稳定、美观、便于操作等特点，受到普遍欢迎。网框依据印刷面积，制订适宜的尺寸。网框要比印刷画面大3~7厘米左右，保证刮板自由运墨。新的金属网框其中一面要经过表面磨毛粗化处理，提高丝网粘附的牢固度。使用前金属网框毛面先预涂粘网胶，晾干备用。

网框是可以重复使用的配件，保管好与坏会影响制版及印刷质量。通常是将网框竖立放置，水平码放的话，不易堆积过高（图4-1）。

图4-1 铝合金网框

2. 丝网布

丝网布是制作网版的骨架材料，是支撑感光胶的基体，俗称绢屏、纱网、筛网等。常用的丝网有尼龙、涤纶和不锈钢几种。目数一般可以说明组成丝网的丝与丝之间的疏密程度。目数越高，丝网越密，网孔越小，油墨通过性就越差。教学用丝网150~250目就足够了。丝网包装一般呈筒形，可竖直放置，水平放置时应置于台面上，存放时注意防尘，避免黏附油污（图4-2）。

图4-2 丝网布

3. 拉网机

拉网机械最好采用气动绷网机。气动绷网机以压缩空气为气源，驱动多个气缸活塞，同步推动网夹作纵横方向的相对收缩运动，对丝网产生均匀的拉力。一套完整的气动绷网机包括网夹、气泵和气控装置，各种装置通过气管连接在一起。网夹数量可根据网框大小作调整。气控装置包括阀门和强度调节器。阀门分“推、拉、关”三档。强度调节器通过旋钮来增加或减小气压，可以得到不同的张力（图4-3）。

图4-3 气动拉网设备

4. 烘干箱

烘干箱是丝网印刷工作室内使用频率最高的设备，从洗网到涂布感光胶，再到冲洗显影，每个环节都得用到，通常要准备几台烘干箱供全班一起使用。烘干箱内电阻丝通电发热，热空气经风扇运送箱内产生循环，达到干燥网版的目的。卧式烘干箱由抽屉式分为几层，可供多块网版同时使用。当水洗的网框和涂布胶的网框同时干燥时，应特别注意：带水的网框放下层，带胶的网框放上层。这样避免水珠滴在感光胶膜上，感光胶被水溶解出现空洞（图4-4）。

图4-4　烘干箱

5. 晒版机

晒版机是主要的晒版设备，主要由玻璃板、底架、真空泵、灯源等部件组成。晒版光源需要特别大的电压，需要做好电气方面的安全考虑。对外光源在使用时要发热，要特别注意散热。光源发出的紫外线会使眼睛和皮肤受伤，做好现场安全管理非常重要。简单的图文可以自制简易晒版设备，精细图文仍需要真空晒版机。真空晒版机配备有抽气装置，晒版时用真空泵把内部的空气抽出，这样能使透明胶片和丝网版紧密贴合，保证晒版图稿质量（图4-5）。

图4-5　丝网晒版机

6. 油墨

由于丝网印刷的承印物众多，物性各异，所以丝网印刷所用的油墨种类也很多，在印刷时，应把握好油墨性能，选择正确的油墨。只有很好地掌握油墨的印刷适性，才能取得好的印刷效果，包括：黏度、流动性、细度、干燥性、硬度、耐光性、耐热性、固着性等。丝印印刷实验中常有油性和水性区分。油性油墨选用油性溶剂稀释，这种稀释剂具有较强的挥发性，而且具有刺激性气味。刺激性的气味一直是制约油性墨使用的主要因素。在印刷过程中，网框、刮板会沾附大量的油墨，给印后清理工作带来很多的不便。

水性墨以水为溶剂，无污染，清洗网框非常方便、快捷。水性墨品质优良和环保的特点，已经逐渐在我国丝印工作室中使用（图4-6）。

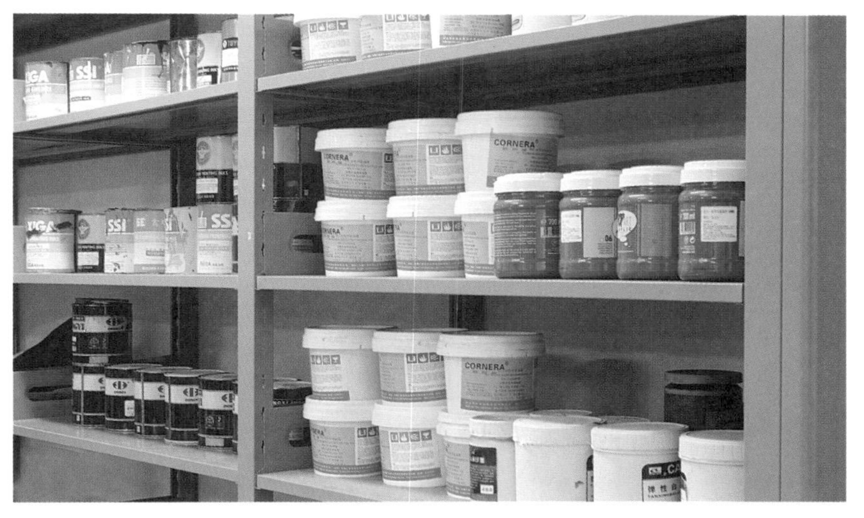

图4-6　各式丝网油墨

7. 刮板

刮墨板简称刮板，俗称刮刀。刮板是将丝网印版上的油墨刮挤到承印物上的工具，刮板在印刷中起到"填墨、匀墨、刮墨和压印"作用，是丝网印刷中一件非常重要的工具。刮板由橡胶条和手柄组成，有手用刮板和机用刮板之分。手工丝印时，印刷和回墨行程都由一个刮板完成。刮板的刃口形状通常有三种：方头、尖头和圆头。对于平整的印刷对象，例如纸张，最适合用方形刮板。刮板胶条弹性不同，刮板硬度也就不同，压出的油墨量也不同，因此图像的再现性也会不同。较硬的刮板适合大幅面和网点调子的印刷，较软的刮板适合印刷平涂色块和一些带不平表面的承印物。印前要检查刮板刃口是否平直，是否有伤痕。如果刮板橡胶条上出现伤痕，承印物上沿刮板运动方向会产生条纹。出现伤痕的刮板可以采用研磨的办法来消除。

停止印刷时，要用棉质抹布蘸适量溶剂轻轻擦拭，不可用墨刀去刮铲胶条上的余墨，以免损伤胶条刃口，切忌残墨长时间留在刮板上造成结皮（图4-7）。

图4-7　刮板

8. 丝网印刷机

丝网印刷机的种类多种多样，最为常见的是平台揭书式丝印机。手工印刷是以操作者手握刮板的方式进行印刷。手工印刷虽然印刷速度慢，但灵活易控制，在广告、服装、T恤衫等小批量的印刷中广泛应用。简易丝印机用弹簧升降网框，网版夹固定和开合网版，操作简单，移动方便。吸气式手动丝印机，印台装有穿孔板，印刷时经真空泵抽气，承印物吸附在印台，省去手工固定麻烦（图4-8）。

图4-8　丝网印刷机

9. 操作注意事项

丝网印刷工艺整个流程涉及到各种器材和化学试剂，操作者应在指导教师的指导下做到安全有序管理，特别注意对实验中的电、气、光、试剂等的安全使用，着工作服，做好安全防护工作，避免溶剂对人体造成伤害。操作者分组操作，各组设组长，组织协调本组完成实验任务。油墨、纸张、半成品、成品合理存放，避免混乱（图4-9）。严格按照实验步骤操作，及时清洗网版。为了避免油墨污染环境，应把最后剩余油墨收集回收到敞口瓶内，贴上标签标注上日期，密闭保存。抹布是工作室使用较多的辅助材料，抹布放带盖的垃圾筒内，筒盖分别标注：干净、可用和脏布，抹布可重复使用。

规范操作实验步骤，避免油墨污染环境。有序管理是教学考核内容之一。

图4-9 印刷机位

二、丝网印刷基本操作内容

1. 图稿

因为是感光制版，丝网印刷实验用手绘图稿需在透明塑料片或透明纸上，只有这样才能进行曝光制版。绘制用颜料需用遮光性能强的黑墨，或者红色膜等材料保证晒版时图稿不透光。当然，图稿也可以用电脑绘制，输出成菲林用于晒版（图4-10）。

图4-10 用于感光的图稿

2. 制版

绷网 将金属网框放置在气动拉网机上，确保预涂胶面应朝上，调整网框位置使之受力均匀。按略大于网框尺寸要求，手撕裁取丝网布。将网布铺放在金属网框上，配网夹，夹网。确保网夹夹紧后便可对网框进行初拉，先把气压调在较低档，打开气体阀门，气体通过软管施加于拉网器，拉网器拉扯网布使之平整。缓缓增加气体压力，直至网布纤维稳定，停止加压。在静置状态下涂布粘网胶，将网布固定在网框上。

图4-11 气动绷网操作

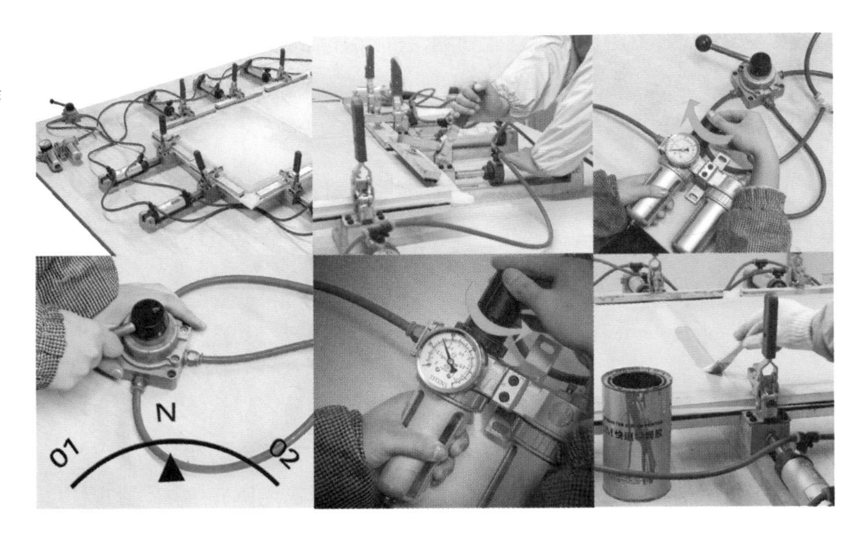

待粘网胶彻底干燥后便可以收网。收网时先调低气压，再关闭气体阀门，气动拉杆回收。松开网夹，拿下网框裁掉多余的网布作整边处理。用自来水清洗网布，去除油污后，将网框放干燥箱100度左右干燥（图4-11）。

涂布感光胶 按照使用说明，将感光胶预先调配好。新制的感光胶呈鲜艳的翠绿色，阴暗处静置8小时后使用。每次使用倒6、7成感光胶到刮斗内，瓶内感光胶阴暗处存放。涂布感光胶时，一只手扶住网框，将网框略倾斜角度竖放，另一只手平端刮斗将其前端压到网上并使其前端倾斜，使液面接触丝网。保持倾角不变的情况下，从下往上对网面进行涂布，注意涂布速度保持均匀，当刮斗行进快到网框边时停止，两手协调配合，转动角度让刮斗倾斜角恢复到水平，如此完成一个涂布行程。网框每面完成2~3个行程的涂布。涂布好的感光胶层薄而均匀，无颗粒杂质。涂布好感光胶的网框放干燥箱内40度左右干燥（图4-12）。

图4-12 涂布感光胶操作

晒版　取出干燥后的网框，将菲林图稿固定在网框中央，注意菲林的药膜面贴住网面。将网版水平放置在晒版台，检查确保光源、菲林图稿和感光胶层的位置无误后，便可放下盖板，设定抽真空及曝光时间，启动晒版开关，执行曝光操作。曝光完成后，取出网框可观察到图稿已经转印在网面上，网面受光部分呈现青蓝色，图样遮挡部分呈绿色。用清水将网框双面打湿，静待片刻，可见绿色的感光药膜逐渐被水溶解，用水流冲洗后露出丝网布面。青蓝色药膜不被水溶解，固化在网布上。将冲洗后的网框放干燥箱100度左右干燥，或者将网框在太阳光下暴晒，紫外线可以对感光胶起到固化的作用（图4-13）。

图4-13　晒版操作

完成晒版后，网版必须用胶带作封网框边处理。市场上有专用的银色胶带，不但粘性好，而且撕后不易留下胶痕。粘贴时先贴内边，再贴外边。贴胶带时注意压实，把空气挤出，防止印刷时油墨渗入。贴好后的网版做好标注，备印（图4-14）。

图4-14　封边

3. 印刷

调配油墨 为防止油墨碰翻污染环境，最好选在较为独立的角落进行油墨调配。调配油墨还需在自然光下进行，保证色彩观察准确。调制油墨要做到“墨量适当”，既保证一次性将所需油墨调足，又避免墨量过多造成浪费。调色采用“由浅入深”原则，逐步接近所需颜色。调深色墨要逐渐接近，切忌一次加入过多再用大量浅色墨补救。调墨时还尽量少用不同色的油墨，色墨种类越少，色彩混合效果越好。尽量采用同一厂家的油墨，避免色调不匀的现象。

图4-15 调色

一般来说，学生实验油墨用量较少，可以用一次性纸杯作为油墨容器，既方便又实用。油墨调制好后加上盖，标注日期，放在不易碰翻的位置。杯子内用剩的油墨不可随意抛弃，可以用纸胶粘住杯口密封，溶剂难以挥发，油墨不易干结，可作较长时间保存（图4-15）。

图4-16 安装印版

安装印版 旋紧夹框器，将版固定在机器上。调整印版，确保印版放低时保持水平，并且与台面留有1~2厘米的间隙，此称为网版距。印版不能贴住台面与纸张直接接触，可以在网框下边，或者台面上粘泡沫条，隔开印版与印台。网版距能使丝网版面在刮印后借助弹力离开纸面，避免油墨粘连，沾污纸面（图4-16）。

印制 在印台上定位好纸张，开启真空吸气泵。印刷时放低网框，把油墨倒在网框上，先进行虚印。“虚印”是丝网印刷中的一种技术，操作时用刮板轻轻地在版上推送墨料，让墨料铺盖住网版图案部分。虚印既可以避免网孔干结，同时也为接下来的正式印刷做好准备。虚印时不能用力，否则过多的油墨会挤压到网背，沾污版面。

虚印好就可以正式印刷。双手握住刮板手柄部，刮板与垂直线50度左右倾斜角度，略加压力使网面与纸面接触。平稳刮过网面，刮动使网版发出轻微的刮擦声。刮板走完版面，丝网版面弹起离开纸面。虚印回墨，抬版，收纸，完成一次印刷循环。

为保证图文在印张的位置统一，需将纸张作定位设置。纸张定位方法有很多，最简单实用的办法是卡纸条定位法，用厚卡纸裁三块小纸条，粘贴在台板上起到挡规作用。其中两块纸条定位纸张一个角，另一块定位同侧纸张的长边。一角一边固定住，后面的每张纸都可以保证印在纸张相同位置上了（图4-17）。

印刷要领总结有六点：直线、匀速、等角、均压、居中和垂边。也就是说，印刷时刮板运行应直线前进，不能左右摇晃，忽慢忽快；刮板倾角应保持不变，特别注意克服倾角逐渐增大的通病；印刷压力要保持均匀一致；保持刮板与网框内侧两边距离相等；刮板与边框保持垂直。

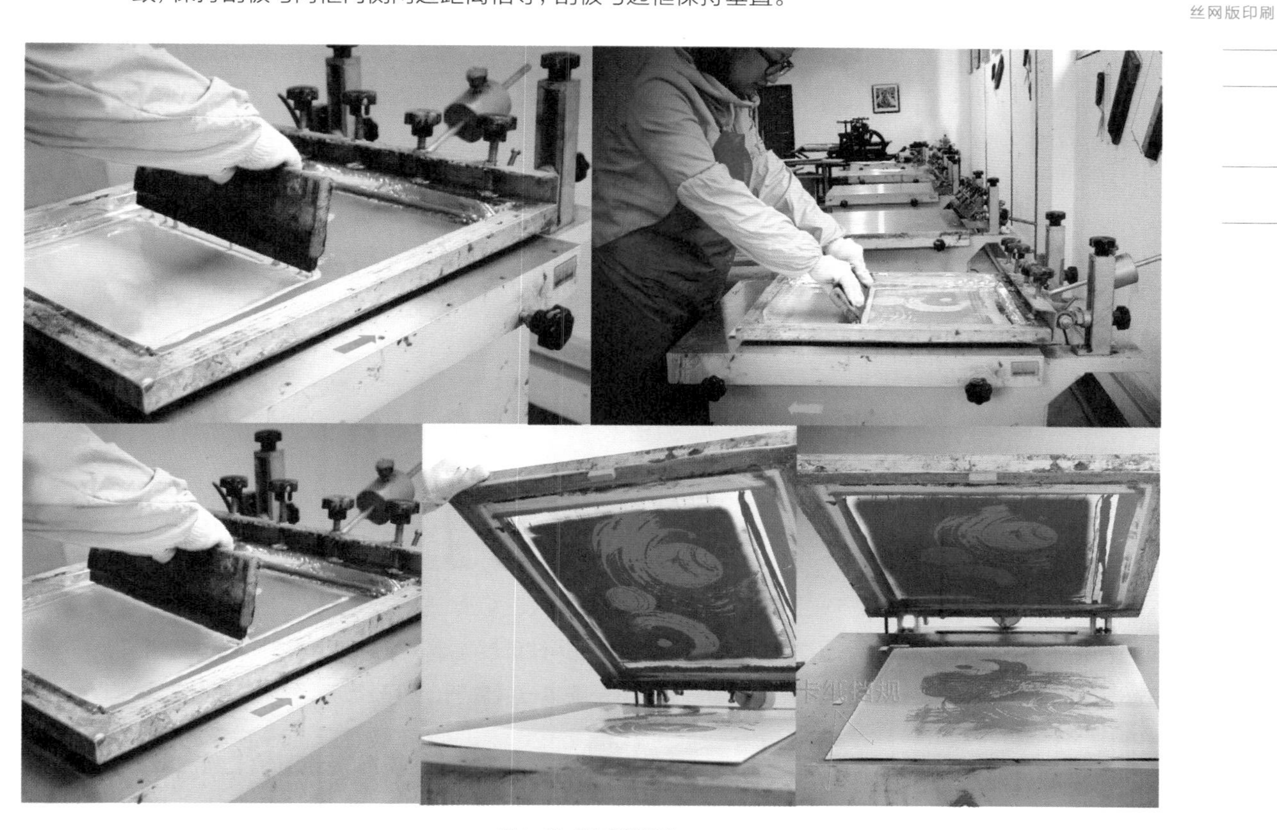

图4-17　手工印刷操作

4. 清理

清理是指对油墨的清洗工作，包括两个方面：一是指在印刷过程中的油污清理，再就是印刷完毕之后，对网版及刮板用具上余墨的清理。

在丝印过程中，有时会发生油墨渗透，或者油墨堵塞网版之类的情况，当出现这种情况时必须马上停止印刷，及时处理。处理油墨渗透网版，如果面积较大，可以先用废纸刮印几次，粘连掉大部分的油墨，然后用布条蘸上少量溶剂，将沾在网版背面的油墨轻轻擦拭干净。如果网版堵塞，处理时需两手各持一块布条，在网版的正背面同时擦拭，这样很容易将干结油墨清洗干净。

印刷完毕后，应及时清理刮板和印版上的余墨，防止油墨干结。清理时，先用刮板将网版上的余墨刮印干净，再用墨铲将网版上多余的油墨回收到杯中，加盖封存，今后可以继续使用。清理掉大部分油墨后，就可以用棉质抹布擦洗了。

如果使用的是水性墨的话，网框可以直接用水清洗；如果是油性墨则需注意，清洗面积较大时，可以倒适量溶剂在版上，铺上报纸先捂上一会儿，之后再用抹布擦洗。说是擦洗，其实是用抹布蘸少量溶剂，轻轻擦去残留的墨迹，切不可用大量的溶剂在布上擦洗，这样既无益于清洁，大量的溶剂挥发也无益于环境保护。先擦干净刮板，再擦洗网框。擦洗干净的网框今后可以继续使用。

三、拓展性实验

掌握了基本的印刷技巧后，可以尝试其他拓展性的印刷实验。这些实验中既可以从印前制版环节尝试创新，也可以在印刷环节中使用新的方法和手段，还可以在承印物或印刷方式上寻求变化。

1. 制版技法拓展

制版技法从两个方面上拓展，透明胶片制作和丝网感光版制作。手工制作非常便利，图文效果具有随机性、偶发性，其丰富的技巧性特点受到大家欢迎，电脑制作则规范、准确、细致，特别是在影调的表现方面，菲林网点输出具有无可替代的优势。

手工制作可以在透明胶片上尝试各种材料的实验，像墨水、油墨、颜料、汽油、松节油之类的颜料和溶剂，毛笔、蜡笔、笔刷之类的工具，包括洒、溅、泼、绘、刻划、拓印、揉皱、剪贴在内的各种技法，在透明胶片上制造出丰富肌理效果的图像。电脑制作胶片必须通过电脑软件对图文进行处理，在丝网印刷中特别注意对影像的网点输出不宜过细，过细的网点版对后续的晒版和印刷都提出较高的要求。

除了在胶片上绘制，我们还可以直接在丝网版上进行绘制，经晒版得到印版。

2. 多色套版技巧

多色印刷涉及到套版问题，套版是多色印刷的关键。

第一色在固定的位置印好后，当印第二色时可以采用透明膜套准定位法重新套准并定位。将一张大于画面的干净塑料透明胶片一边固定在印台上，装上第二色印版，先将图像印在透明薄膜上。之后将纸张放在薄膜下面，在透明膜上图像位置不被移动的情况下，仔细调整纸张位置。纸张调整到套色准确位置后，揭开透明膜，用卡纸条定位法将此时的纸张定位。定位好后，继续后面的印刷。依此类推，可以完成多色的套版印刷。

3. 四色印刷实验

掌握了多色套版技巧，可以通过电脑输出菲林制版，进行彩色图像的四色印刷实验。在这个实验中，为了保证良好的印刷效果，输出菲林时网线不超过50线为宜，油墨还应是印刷原色的青、品、黄、黑色相，而且必须是透明色泽。这样才能最大地模拟达到胶印四色的图像效果。四色印刷实验对理解平版胶印四色成像原理极有帮助。

4. 多种承印物印刷试验

丝网印刷给更多的承印物提供了实验的空间，纸张就有素描纸、卡纸、色纸、牛皮纸、新闻纸等多种样式，除了纸张以外，还有塑料薄膜、木板、金属板、石膏板、布、玻璃等，都可以作为丝印的承印物。不同的承印物对墨料的适应性是不同的，油性墨料适应承印物范围较广，水性墨的适应范围相对较小，例如水性墨就难以在玻璃上胶着。实验前可以对油墨作承印物适应性试验。

5. 墙面印刷技巧

墙面印刷实际上是排除了印刷机器，靠人手固定，把印版上的图文直接印在墙面上。墙面印刷必须有其他人合作配合，至少一人扶持固定印版，另一人刮印。因网框贴着墙面垂直于地面，网框内如果倒入过多的油墨，油墨会流淌下来，所以油墨一般以薄薄一层，能遮盖住图文版面为宜。从下往上刮印一遍后，把版拿下来再补充油墨（图4-18）。

图4-18　墙面印刷操作

课外思考题

1. 金属网框的粗化处理有什么作用？
2. 感光胶的工作原理是什么？光敏剂存放应注意什么？
3. 绷网时压力不同对网对印刷都什么影响？
4. 根据晒版感光原理，试谈谈丝网对菲林的要求？
5. 为什么印版与承印物表面要保留一定的距离？
6. 试说明挡规的作用。
7. 什么因素会造成套版不准？如何避免套印不准现象？
8. 遇到不规则形状或软质承印物时如何套准？

图例4-1　16个杰克　安迪·沃霍尔

图例4-2　M-Maybe　利希腾斯坦

图例4-3　玛丽莲·梦露　安迪·沃霍尔

图例4-4 塔吉克姑娘 郭有明

图例4-5 窗 朱伟斌

图例4-6 少女 郭有明

图例4-7 Flower 朱伟斌

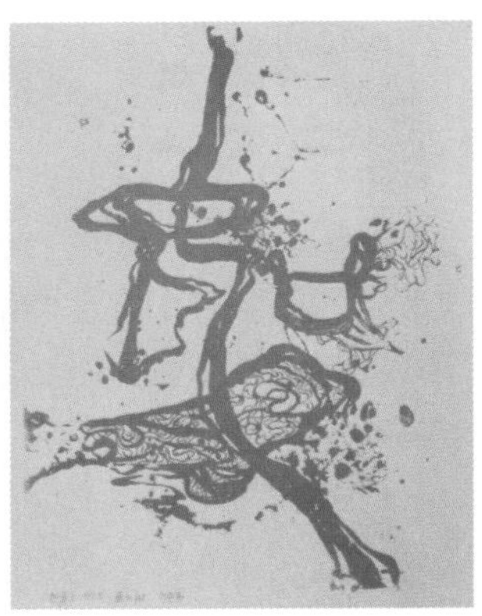

图例4-8 如意 桑飞挺

图例4-9 人像 徐凯祥等

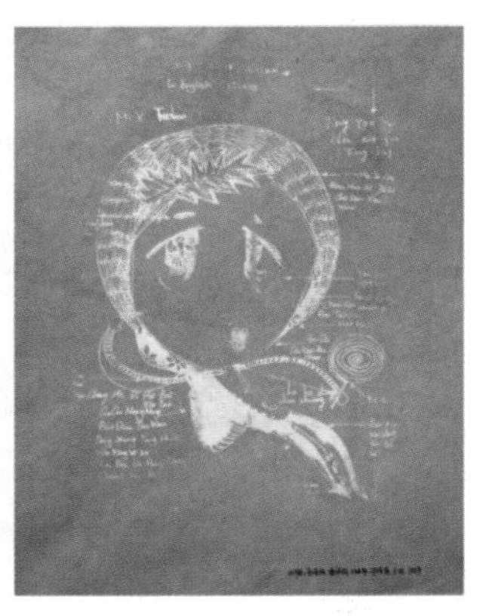

图例4-10 随俗 姚甜甜等

图例4-11 涂鸦一幅 蒋遥珏

图例4-12　同学　蒋遥珏等

图例4-13　森林之歌　蒋遥珏等

图例4-14　同学　周利平等

图例4-15　PK　马利芬

图例4-16　偷菜　马利芬

第五章 平版胶印工业生产

05

平版印刷是由石印法演变而来的。1798年，德国剧作家森纳菲尔德发现，在涂画油脂的石灰石上用含硝酸的树胶液湿润后，油墨会被含油脂的部分吸收，未涂油脂部分排斥油墨，为此他发明了石版印刷技术。石版印刷用化学的办法将两种不同性质的表面并存在同一平面，一种亲水，一种亲油，借此区分着墨和不着墨部分。石印术也是继古登堡铅字印刷后，近代印刷史上一项里程碑式的发明。

石版印刷制版时直接在石版上书写，具有方便、快捷、不失真、成本低廉的特点。特别是石灰石有着细微的小孔，可以将树脂液吸入，印刷出来的作品层次丰富，影调细腻，非常适合表现有影调的作品。石版印刷从它出现一开始便受到大家的追捧，早期的石版印刷工作室商业和艺术不分，既接受商业印刷事务，也接受艺术家的创作。19世纪头20年里，石印技术在欧洲迅速普及，石印工厂遍布整个欧洲（图5-1）。

上图为欧洲早期的石版工作室，下图为规模化的石版印刷车间

图5-1　步入规模化的欧洲石版印刷业[12]

石印术最早由传教士带入中国，现已知1829年麦都恩印刷的《东西史记和合》是最早的石印中文书。光绪年间，点石斋、同文书局、拜石山房等积极推动，石印技术由上海向全国传播和应用。据史料统计，从清末到民国，全国石印印书者达到上百家。石印术凭借工序省、速度快、不失真等优势，后来居上，一度成为近代中国印刷的主导技术。

1875年美国人巴克雷发明了间接印刷技术，他在石印的基础上将图文转印到金属薄片印版上，再由金属薄片施磨于纸张上面。由于是两次转印，印版上的文字就不再需要反着书写了，这给制版带来极大的便利。1904年美国人鲁贝尔改进巴克雷的发明，将橡胶布代替金属薄片，由此开创了现代胶印的历史。

胶印技术自出现以后，由于质量好、成本低以及耐印力强等优点，长期以来在所有的印刷技术中一直处于领先发展的地位。现代平版胶印印版是一种标准化生产条件下的环保型产品，生产流程在数字化技术的辅助下，整个工艺过程更加稳定可靠，印刷机的操作工不再是体力劳动者，而日益成为一个数据管理者。现代化的胶印集成了当今最全面最先进的印刷技术。

一、工业化的印刷生产

印刷技术的工业化是建立在现代科技的进步上的，从分色技术到金属版感光技术，再到印刷机器制造技术，一项项创新技术推动着印刷走向标准化，标准化的生产技术致使规模化，最终使印刷走向产业化。

印刷技术的标准化，色彩的再现是一个重大课题。再现色彩是每一种印刷方式都不能回避的问题，特别是如何表现丰富多样的彩色，更是一直都困扰着人们。之前的印刷都是采用手绘、简单套版的办法得到彩色图样。到了16世纪，中国和欧洲的木刻版画显示人们已经将套色技术应用得非常成熟了。1732年，版画家伯隆受牛顿太阳光谱的启发，使用三块色版套印彩色的铜版画，得到色彩层次丰富的画面。1837年，法国石版画技师恩格尔曼首先使用红、黄、蓝、黑四色套印彩色石版画获得巨大成功，他将此申请了专利，获得政府奖励。四色印刷法通过简单的四色叠印，色彩混合从而产生出丰富多样的色彩来，这无疑是印刷技术上的一个重大突破。直到今天，“四色印刷法”依然广泛应用于印刷行业。

随着印刷科技的发展，金属版取代石版。金属版具有质量轻、尺寸多样、裁切方便的优点，非常适合标准化生产。20世纪50年代开始出现了以铝板为基材的新型版材，这种版材还在它表面预先涂布了感光树脂，买来后可以用胶片直接感光晒制成印版，非常方便。人们称这种预涂了感光层的金属版（Presensitized Plate）为PS版。PS版的出现使得感光版趋于统一标准，加速了印刷制版技术工业化进程。

直接印刷的印版图文必须是反着写的，这样才能得到正的图文，图文反向制版非常不方便。1905年，美国鲁贝尔发明了第一台橡皮转印平版印刷机。这种机器多加了一个橡皮滚筒，橡皮滚筒将版上的油墨转印到纸上，两次印刷两次反向，印版上的图文就不需要反写了。这种印版与纸张不直接接触的印刷方法称为“间接印刷”。间接印刷的方法不但改变了印刷机的结构，还改变了制版的方式。

印刷机械设计的黄金时代出现在谷登堡以后大约350年，此时，Friedrich Koenig 将手动印刷机完全机械化。在1811—1812年，它引导了一项开创性的发明，即第一台自动滚筒型印刷机。在此后的年代里，滚筒型印刷机在驱动机制和运作原理上持续不断地发展。连同其他方面的技术革新，例如油墨的生产，机器制造，特别是纸张的现代化生产，都一起促进了印刷工业走向现代化（图5-2）。

图5-2　现代化的印刷车间

最初的手板架印刷机每天只能印数百张，手摇轮转机每小时便可以印百张。采用新能源后，人们用蒸汽、人力引擎及电力为能源，印刷速度达到每小时1000张、1500张、2000张，1923年德国生产的滚筒印刷机，每小时双面能印8000张，美国产三层轮转机，可以同时印12张1份的《申报》，每小时1万份。当今的平版胶印机印刷速度能达到每小时15000张，卷筒纸印刷机一般是每小时60000张。巨大的产能，体现当今技术强大的生产力。

印刷产品极其多样，报纸、杂志、书籍、包装、月历、手册、表格、证卡等等，庞大的市场，使得今天的印刷成为一个大系统，无论是油墨、纸张、印版、机械、印前、印后，印刷中的任何一个环节都有与之对应的工业化标准。这个系统每天都在积极运转，高质量和高速度永远是目前这个系统追求的目标。在这个高速运作的流水线上遵循着一定的规范，这种规范是职业技术从业人员必备的知识素质，而这正是年轻本科生所缺少的。高校教育与职业技术教育之间的沟壑已经造成目前诸多的就业困惑，好在年轻本科生具有良好的学习能力，能够很快适应这种社会化的生产方式。另一方面，当今印刷工业的结构正在经历变革，传统的单一功能的生产逐渐推出历史舞台，新媒体新技术已经渗透到印刷生产中。印刷媒体生产制作需要加入诸如信息处理的新技能，这些需求为年轻人提供了更为广大的机会（图5-3）。实践证明，专利技术的障碍并没有想象的那么严重，探索新知识的热情比现有的技术规范更重要。

图5-3　印刷企业考察

二、印刷成本核算

成本是企业生产经营一个重要的考量内容。只有熟知整个工艺流程才能准确地预算出产品的成本价格。印刷品生产是分工序操作的，各个工序环节发生的费用累加起来的总和是总成本，总成本平均在每件产品上得到的就是单价。要得出产品的单价成本还必须明确数量。同一件印刷品，印刷数量不同，单价就不同，这种差别有时还比较大。

印刷的成本总的分为三块：印前成本、印刷费用和印后加工成本。

1. 印前成本

印前环节包括印稿的设计和制作印版。设计费用因人而异，差别很大。设计公司中有的按P来计算设计费，有的按件计，也有的按项来计费的。设计过程中使用图片的情况也不同，有的请专业摄影公司拍摄图片，有的则租用图片公司的图片，不一而论。以上各项可能含有艺术创造成分，难以按固定的标准来计算成本。只有到了制版环节后，各工序都符合标准化生产，成本和利润较为稳定，易于形成较为明确的价格。

电分 如果需要对模拟图稿进行电子分色的话，可以找专业的输出公司完成这项工作。滚筒扫描电分通常按兆计费，一般在0.5元/兆上下不等。

输出 菲林输出价格一般为每色7~10元/16开不等，价格与菲林品质、输出质量、服务水平有关。如按10元计算的话，输出一套对开四色海报菲林费用为4×10×8=320元。菲林输出前，电子文件交付时一定要向工作人员交待清楚技术要求，检查电子文件确保图文无误。菲林输出后，仔细做好菲林校对工作，发现问题及时补救。

计算机直接制版（CTP）省去了菲林和晒版这两道工序，可以节省一部分费用。

菲林打样 菲林打样是把菲林晒成印版打样。菲林打样费用一般为30元/16开左右，专色打样费用每色版增加约200元。

印前工作必须非常细心，特别是对样稿的校对。印版出现错误轻则造成返工，增加印刷成本，重则使后续产品报废，造成严重质量事故。

2. 印刷费用

印刷费用包含：纸张成本和印刷工资。

纸张成本　对大批量的项目，纸张是最主要的成本。纸张一般以吨为计价单位，目前国产品牌铜版纸价格在7000~8000元之间，进口品牌一般比国内品牌高1000元左右。纸张价格随时会发生变化，实际操作中应咨询有关供货商，了解适时价格。目前国内使用的大多数品牌多为外资生产，品质有一定的保障。质量不好的铜版纸纸面会有杂质，使用时会出现掉粉、起皱等现象，影响印刷品质量。

印刷要保证最后成品的足够数量，每个环节都会留有余量，行业内称为“放数”。例如要印制10000个纸包装盒，印刷时往往会准备11000张纸的量，以备后面的各个环节都有足够的放数。印刷中的放数包含印刷校版时的纸张损耗，损耗率一般为8‰每色，金银卡等特殊纸张因墨不容易干而损耗更多，四色印刷最低损耗数量为200张。在计算纸张成本时，应该把这部分放数一并计算在内。

纸张成本价格计算公式为：

长（米）×宽（米）×克重（吨）×吨价×总数量

例如，欲印制1000张大对开157克铜版纸四色海报，按8000元吨价，则纸张成本为：

0.88×0.59×0.000157×8000×1200=782.54（元）

印刷工资　这里的印刷工资实际包含印刷工人工资、机器折旧、企业利润等内容。在计价上我们把每套版低于3000份的印工收费称为起印费（俗称“开机费”），低于起印数按起印价计。高于起印数量则按单位数量计价。起印费依照企业、设备不同，价格略有差异。

表6-1　杭城地区四色印刷的印刷价格　　（单位：元）

印刷机	单面印	双面印	自翻版印
对开机	800~1000	1600~1800	900~1100
4开机	500~800	1000~1400	600
8开机	350~450	550~600	500

对于版数多、印量少的项目来说，印刷工资就是主要成本。例如发行量不大的书刊，印量只有几千册，但印制一本100多页的书通常需要

10多套版。10多套版的起印费对小项目来说不是小数目。（通常把这种版数多印量少的项目称为“短版”，而把版数少，印量大的称为“长版”。）

根据印刷品的数量、工艺难度不同，印刷价格也会不同。例如，专色印刷一般以两倍印工来计算，其他墨色大的版面印工也会略高些。

3. 印后加工成本

不同产品加工工艺不同，所产生的费用也不同。印后价格一般按单位数量计价，数量少的按次计价。常见的印后加工价格有:

覆膜依照材料不同情况，价格在0.5~1.0元／平方米。

烫金、模切开机费约100元／次。数量较大烫金按0.0008元／平方厘米计算，模切按0.06元／张计，特殊版价格会调高。

压痕不设版面大小，起版价100~150元，超过起版数量按每张0.1元计。

折页按每折0.01~0.02元计，骑马订每手（16P）0.07元左右。

平装书锁线装每手0.07~0.1元，无线胶装每手0.06~0.08元，低于一手按一手算。

精装书封面起脊、糊花头、贴环衬、裱封、压沟等工艺一般价格在8~10元／本。如果封面用特种纸或布料，环衬用特种纸的话，还得另计纸张费用。精装书的护盒材料成本较高，一般都是手工制作，贴裱很费工时，所以没有统一的价格，一个16开大小的护盒一般会在10~15元。

应该说的是，这里列出的价格并非标准定价。不同地区的印刷价格各不相同，同一地区的印刷价格也会随市场变化随时作出调整变化。印刷工序繁多，每道工序都有可能因质量问题造成误工误时，严重的还会造成返工或产品报废，在印刷过程中稍有不慎就有可能造成经济损失。优秀的印刷设计者能够熟知各道工序，预判可能出现的技术难点，合理协调各个环节，有效推进整个印刷工作的顺利进行。要真正做到节约成本，不只是在各环节中要做到技术合理，减少浪费，还应该保证整个印刷任务的高质高效完成。印刷设计实践中切不可不顾实际情况，一味催促工期，盲目冒进，结果有可能适得其反。

三、平版印刷工厂考察

印刷企业参观考察可关注两个方面内容：印刷企业管理状况和工艺流程中的主要技术。企业运作需要规范有序的管理，同时需要具备足够的技术力量。

考察时重点关注：电子分色、制版、网点→印刷机器、色序、纸张开度→裁切、装订等。

1. 印前

图像输入设备　电子分色，简称“电分”，是将原稿包括文字、图片输入电脑软件，制作成可以进行分色的电子文档的过程。

电子分色机（简称“电分机”）通过电子分色机接口系统,把图像信号输入到彩色桌面出版系统中去。利用计算机彩色图像动态处理功能，可以在电分机中完成图像的亮度、反差、色相、饱和度、颜色校正、灰平衡、层次矫正、细微层次强调、底色去除或黑色加强等处理（图5-4）。

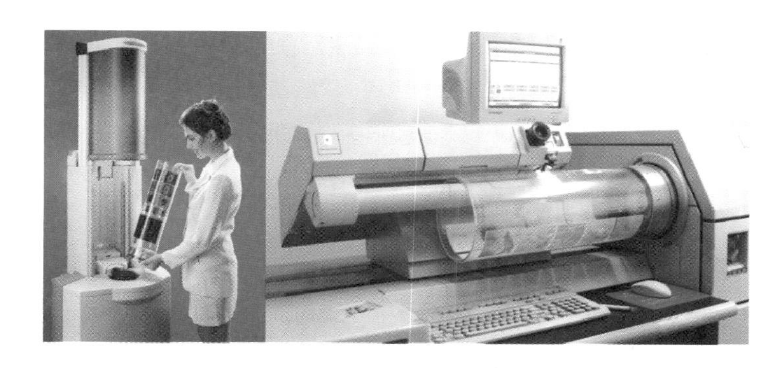

图5-4　高质量的图文扫描[3]

制版　在整个20世纪下半叶，胶片在印刷工业中占据了核心位置。胶片应用在分色片中，是理想的透光材料和存储媒体。在以后的很长时间里，胶片仍将发挥重要作用，但最终因为直接制版（CTP）技术的发展而逐渐淘汰。

计算机直接制版（CTP）技术淘汰了整个过程中的胶片，从而降低了费用，缩短了生产时间。由于消除了中间过程，也就相应减少了误差，因此更容易满足印刷作业的质量要求（图5-5）。

网点：影调表现的秘密　我们都有这样的视觉经验，如果色块较小，小到一定程度时，眼睛就很难将它们的形状独立地分辨出来，在视

图5-5 计算机直接制版（CTP）[3]

觉中只产生色彩的混合，这种混合称空间混合，又称并置混合。例如，有几个青色的色点和黄色的色点并置，当色点小到一定程度时，眼睛就很难区分哪些是青色，哪些是黄色的色点，只能看到一片绿色的色块，这就是网点形成丰富混色的原理。在印刷中，人们就是借助那些极其细密的网点来印制变化丰富的色彩和影调的（图5-6）。

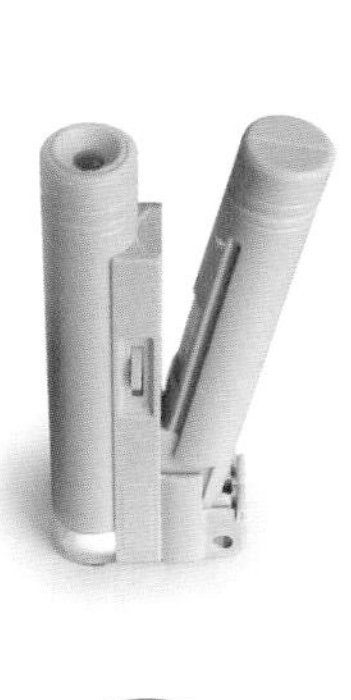

图5-6 网镜下观察到的印刷网点

在计算机的控制下，菲林上可以得到了精确的细小网点，这些网点可以细密到每英寸150粒（称为150线），每英寸200粒（称为200线）甚至更多。人们借助专门的放大镜可以很清楚地观察到这些网点。这些或大或小的网点精密排列，在视觉“空间混合”下形成深浅不同的影调。我们在菲林上看到的“灰色”色调，如果用放大镜观察的话就会发现其实它是由一些“黑”色的细小网点铺成的。

在印刷中，通过CMYK四色的网点混合，可以表现出无穷多的颜色。目前在印刷工艺中使用的网点主要有两种:

一种为“调幅网点（AM）”，是目前使用最广泛的一种，固定网点中心距离,通过网点大小来反映颜色深浅。调幅网点主要考虑网点大小、形状、角度和网线精度等因素。亮调网点细小，暗调网点粗大。

另一种网点为“调频网点（FM）”，是20世纪90年代发展起来的一种新的加网方式。网点大小不变,通过网点的疏密来反映图像密度大小变化（图5-7）。亮调网点稀疏，暗调网点密集。

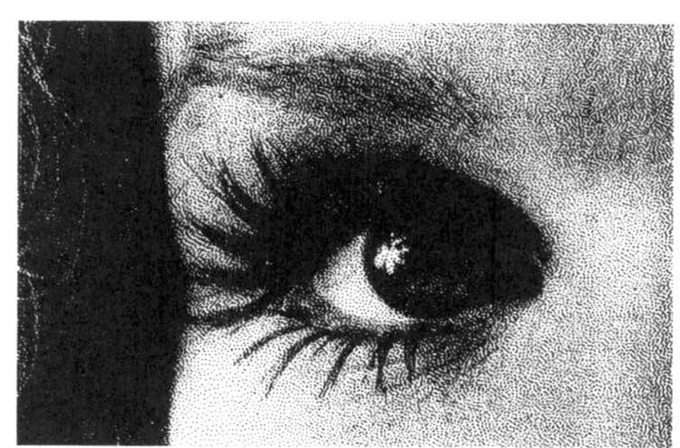

图5-7 调幅网点（左）与调频网点（右）[3]

网点大小：通过网点的覆盖率决定，也称着墨率，习惯上用“成”来做单位。如10%为“一成网点”。通过专门的印刷放大镜肉眼观测网点大小，能检验色的密度是否与样稿一致，把握印刷品质量。网点大小与层数具有下面的规律：两个黑点之间能放下3个同样大小的网点为一成网，即10%网点；能放下2个同样大小的网点为二成网点，即20%网点；能放下1.5个的为三成网点，即30%网点；能放下1.25个的为四成网点，即40%网点；50%网点特征最易识别，黑白面积相等，网点呈棋格状；60%的网点与40%网点黑白面积相反，依此类推（图5-8）。我们把图像空白0%的地方称为无网点或者“绝网”，颜色平实的实色也是看不出网点形状的，我们把这种100%的“网点”称为“实地”。另外我们还需

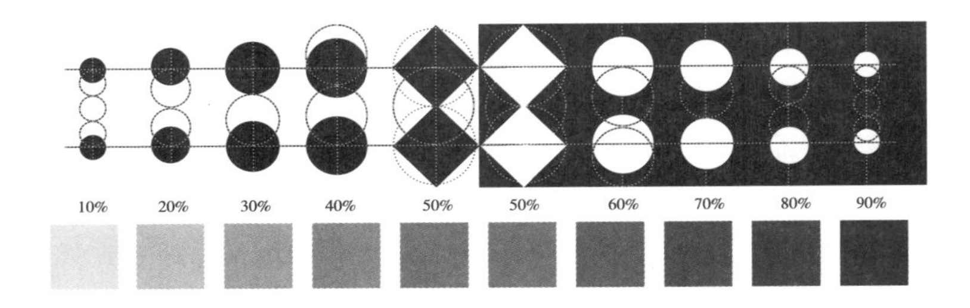

图5-8　网点的大小

注意一个事实就是，精度在5%范围的网点差异很小，通常会因为印刷操作误差而损失掉，除非是很精密的工艺控制，这种微弱差别才能还原。

网点形状：主要有圆形、方形、菱形三种。

网点角度：网点排列是具有规律的，网点排列的方向构成网点（线）的角度。对于调幅网点来说，在图像分色挂网时必须考虑网点角度。当两种或两种以上的网点套在一起，会有相互的干涉，正常的干涉不影响图像的质量，如四色网点并置或重叠形成的玫瑰花样的小圆形图样，俗称“网花”（图5-9）。但如果网点设置不当，网点重叠干涉严重

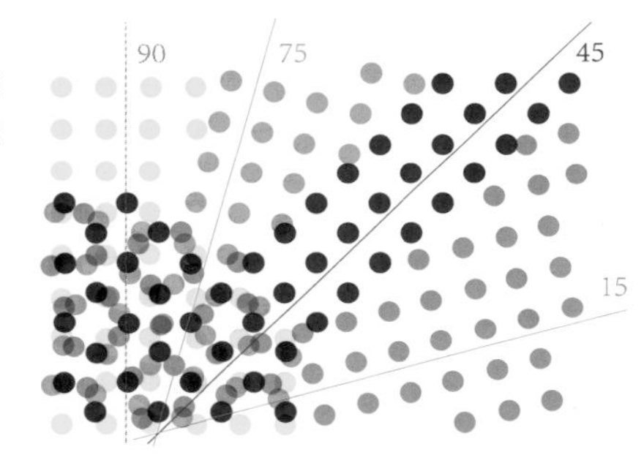

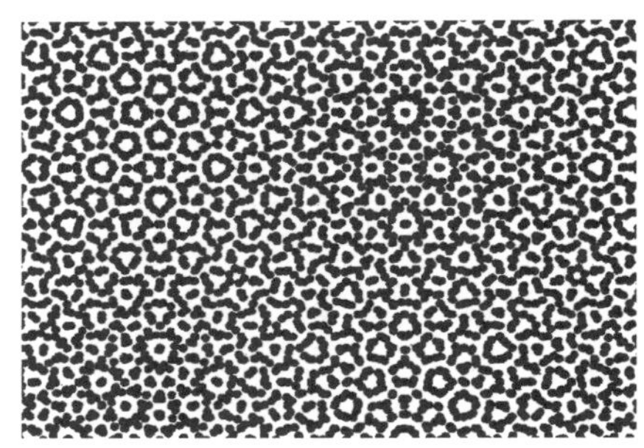
图5-9　网点的角度和干涉（右图为玫瑰花状的网点干涉网花）[3]

是就会出现龟纹等“撞网”现象（图5-10），导致质量问题。一般来说，两种网点角度差在30度和60度时，干涉条纹不会影响美观，当角度差为15度和75度时，干涉条纹则有损图像美观。为此，在四色分色挂网中，通常把把网角设置为90、15、45、75几种，尽量地错开网角，避免网点间不利的干涉现象。45度的网点表现最佳，稳定而不显得呆板。

图5-10　网角相近的网点叠加产生“撞网”现象[3]

网线：网线是指单位长度（通常为英寸）内排列的网点的个数，用线数来表示，表述单位为lpi（Line per inch）。习惯上也称为“网屏线”或“网目线”。网线类似于电子文档的分辨率，网线数大小决定了图像的精细程度。标准的网线数有60线、80线、100线、120线、133线、150线、200线，网线密度的选用主要考虑的因素为纸张质地。纸张越

粗糙，网线选择越低，如报纸，多为新闻纸，一般选用80线左右；无光纸一般选120～133线；铜版纸可选用150线、175线；如果是特殊要求的画册，例如高质量要求的摄影集、艺术书籍，纸张和工艺精度保证的前提下，选择200线甚至更高线数，印制出来的图像更加精细。

2. 印刷

纸张的计量 除了少数手工抄纸及特殊造纸以外，当今造纸全部实行标准化的工业生产。所有的纸张和纸板制造程序都是基于同一技术和作业流程，用化学或机械方法将木材化解为纤维，处理纤维改良其物理性，抄纸成型后经压榨干燥，再经涂布上胶干燥研光，最后卷取分割。纸张在出厂时按统一的规格包装运输。

国家对各类工业用纸有统一的尺寸标准，印刷、书写及绘图类用纸原纸尺寸，卷筒纸宽度有1575mm、1092mm、880mm、787mm四种，平板纸有889mm×1230mm、850mm×1168mm、889mm×1194mm、787mm×1092mm、787mm×960mm、690mm×960mm共六种规格。我们说的正度和大度是指最为常用的两种规格：787mm×1092mm和889mm×1194mm。我们的印刷品都是按照这种规格的纸裁切开来的尺寸，常见的裁切尺寸见表6-2。

表6-2 常见纸张裁切以及开本尺寸 （单位：mm）

开本	787×1092（正度）	850×1168	880×1230	889×1194（大度）
全开	781×1086	844×1162	874×1224	883×1188
对开	781×543	844×581	874×612	883×594
4开	390×543	422×581	437×612	441×594
8开	390×271	422×290	437×306	441×297
16开	195×271	211×290	218×306	220×297
32开	135×195	145×211	218×153	148×220
64开	97×135	105×145	109×153	110×148

纸张是用“克重”作为定量单位的。“克重”是指单位面积（m^2）的质量（g）为纸张的重量。相同的纸张，克重越大，纸张厚度越大。但相同的克重，不同的纸张因为原料和工艺不同，纸张厚度不尽相同。密度低的纸张厚，密度高的纸张薄。

为了便于大批量生产计算，业内还把500张称为1令，500张纸的重量称为“令重”。印刷业中，特种纸按张来计价，普通纸以“吨价”来表示纸张价格。

印刷机品牌 当前胶印机的设计制造已达到非常成熟的程度，自动化、智能化、电脑化，对高品质印刷品的生产起到至关重要的作用。业内最具代表性的品牌有五个：海德堡、曼罗兰、高宝、小森和三菱。

海德堡公司具有150多年的辉煌历史，是世界上最负盛名的印刷设备生产商之一。目前在全电脑化控制的印刷机研制方面取得突出成绩。曼罗兰公司是第二大平张纸胶印机制造商，其装备的全自动化设计，独特的双驱动力和PECOM印刷电子控制系统，在高速、大幅面印刷方面具有出色表现。小森公司的Lithrone（丽色龙）系列，是印刷厂使用最多的单张纸胶印机，这一系列的产品仅次于海德堡速霸系列，全世界销量位列第二。

国内最大的胶印机制造商非“北人”莫属。北人印刷公司生产胶印机器已有50多年历史，其生产的“北人牌”胶印机与国际先进技术接轨，拥有几十项专利技术，始终保持国内胶印机技术的最高水平。

印刷机一般按照幅面、色数来命名，例如，对开四色机、四开四色机、对开双色机等（图5-11）。平版胶印机一般都很昂贵，也是印刷企业最重要的机器设备，人们往往通过印刷机的情况来判断企业的实力。平版胶印机还需要专门的技术人员来操作、维护和保养。

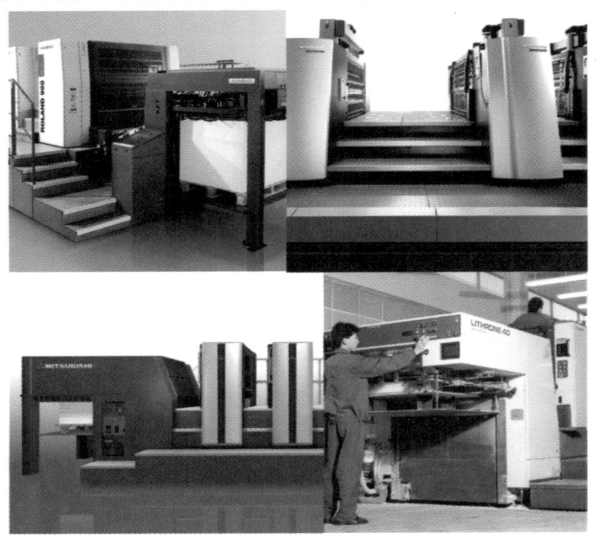

图5-11 各种胶印机品牌

印刷色序 印刷品的色彩是由四色油墨叠印而成，叠印中的印色次序叫做色序。不同的色序会产生不同的印刷效果，在开印前确定产品的印刷色序是一个重要的工艺技术问题。对于四色机来说，目前普遍采用的色序有黑→青→红→黄和黑→红→青→黄两种（图5-12）。青和红处于第二、第三色来印刷，主要是由于纸张及车间湿度的变化，第一色和第二色之间纸张变化较大，后面变得稳定，青版和红版套准要求较高，因此安排在中间两个色序较为理想。另外，版面颜色较浅，黑版放第一色影响不大。如果版面是以黑色为主的话，黑版放在最后印刷是最为适宜的。实际上，影响色序的因素有很多，包括印刷机器的类型、产品的主色、油墨的性质、纸张性质印刷面积、墨量大小等，实践中要根据具体情况而定。

图5-12 四色印刷色序（青和红通常处于第二、三色来印刷）

样张观检 目前的平版胶印机都配置有集看样和遥控于一体的中央遥控台。中央遥控台配有满足标准要求的专门光源，以便保证工作人员在良好的光线下将取样印品与原稿样张进行比较。控制台还配有显示器，显示当前各个印刷单元的设置状况。若印刷机供墨装置配有遥控设备，控制台上就有与印刷单元墨区对应的功能键或按钮。通过这些按钮，操作人员就能够调节机器供墨情况，使印刷品的颜色与原稿样张的颜色相一致。控制台上还有用于调整色彩套准的功能键，可以通过控制台的一系列微调，调整每个印版滚筒在圆周方向和轴向上的位置套准。

在刚开始印刷时，操作者会频繁地抽取印样，放在看样台上进行样张的观检（图5-13）。操作者首先要从印样的咬口开始扫视整个画面，检查印样是否墨色的问题，诸如墨色深浅，油腻污点等。如果发现问题可以及时予以调整。其次，操作者应观检印样规格和尺寸，检查图文套版线是否套准，如果是正反都印图文的印张，还应检查正反面的十字线、

图5-13　样张观检台

咬口大小是否一致等。控制调整机器，墨色和尺寸符合要求，操作者仍要频繁抽取印样进行观检，观检画面图像的色调、清晰度及反差。这主要是通过观查网点体现出来。观察时借助放大镜比较印样与样张之间的网点差别，观察网点是否空虚，是否有明显变形和扩大等。如发现问题，及时排除和调整。最后，还应对版面中细小的文字线条等内容进行检查，看是否清晰无误。总的说来，印刷开始阶段的观检必须认真仔细，一旦发现有任何问题，应及时排除。

当机器进入正常运转后，水墨逐渐处于平衡，此时操作者一般每300~500张抽查一次。检查的重点依然是墨色和套准。随着印数的增加，经过连续的印刷后，纸张的粉质、纸毛以及一些细小的墨皮污物，容易粘着在印版和橡皮上，造成文字线条断缺或印迹变粗发毛，在实地部分尤为明显。遇到这种情况应停机擦除墨皮纸毛，若污物较多，应清洗印版和橡皮布。

印刷时还应根据印品的图文墨量大小，控制印品堆积的高度。当图文面积墨量大时尤其注意不能堆积过多，以防印品背面粘脏。

3. 印后

第二章中介绍了部分的包装印刷印后工艺，这里介绍工厂中书本装订生产流水线的情况。

印后生产包含大批量精装书及无线胶装书生产，采用完备印后加工装置的报纸生产流水线，采用在线方式生产的塑料袋包装生产，采用自动模切机、裁切机的标签生产，以及其他中小印刷企业的印刷生产。书刊印刷是平版胶印中一项主要的业务，书刊装订数量大，工序多，非常适合于标准化的流水线生产。目前市面的骑马订联动线普遍采用高速机型订书机，这些订书机中马天尼Supra的订书机速度可以达到每小时3万本，高斯Pacesetter 2500也可以达到每小时2.8万本。书刊装订方式主要有骑马订、胶装和精装，胶装又分锁线胶装和无线胶装等。一本平装书的装订工艺主要包括折页、配帖、配书芯、订书、包封面、切书等工序。

折页：在印刷幅面的纸张中，一般包含几个印刷开本的页面，根据开本尺寸，由折页机折叠页面。折好的各个书帖按照规定的顺序排列，

“书帖1”包含页码为1~8，“书帖2”包含页码为9~16，依此类推。

配帖：书帖根据书本要求进行分拣与排序，称为配帖，有专门的配帖机完成此项工作。一个32页的小册子，按照每个版面8页印刷，则正好4个书帖，装订前必须按照页码顺序排列。

订书、包封面：无线胶装的话，必须先对书背铣背，以确保更多胶水渗入。书的脊背整体涂布一层热熔胶，再包上封面，并使之紧密贴附。

切书：订好后的书本要经过裁切，裁切后的开本就是最终的成品尺寸。裁切天头、地脚、切口的称为三面切，可以由专门的三面切书机来完成（图5-14）。现代的配页—装订机和无线胶订机常常配备有在线使用的三面裁切机。

图5-14　全自动书籍装订流水线

4. 印刷品质监控

如何评价印刷产品质量？企业生产如何控制产品质量？评价印刷品的质量既是一种眼光，也是一种技术。

为了获得印刷产品的高品质，以及同一产品批次的一致性，在印刷生产过程中必须通过各种因素的监控，不断对印刷过程中出现的质量问题进行修正控制。印刷品质一般人称为“印刷质量”，经常为人们所评论，具有概念的广泛性。因为印刷品既是商品又是艺术品，评价印刷品质量涉及主观、客观的心理因素和工程技术的物理因素。同一件印刷品在不同的角度，不同的评判标准下得到的“印刷质量”结果也不尽相同。从整个印刷工艺流程来看，影响印刷品质量的环节和因素有很多（图5-15），如果从复制技术的角度出发，我们将“对原稿的忠实复制”作为这里印刷品质的评价标准。

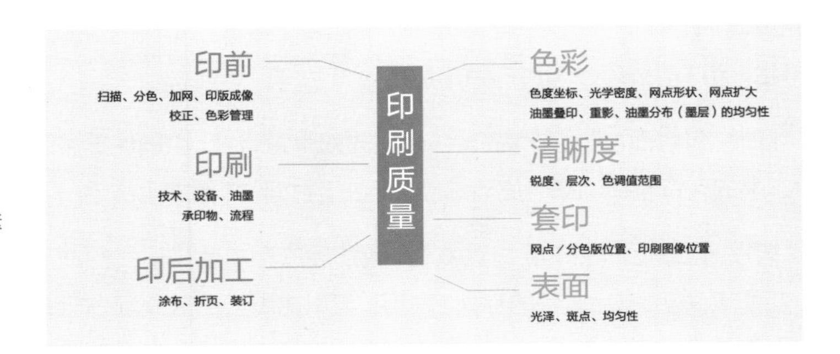

图5-15 影响印刷质量的因素

印刷品的外观质量，根据用途不同而各有差异。例如电话簿的印刷质量，要求号码准确、清晰易读、墨色均匀、外表美观即可；而商品广告样本，除了一般要求以外，则更强调商品的本来颜色，主要考查是否能够全面真实地再现产品本来面貌。从技术上看，印刷质量监控内容包括色密度、色调、清晰度、网点颗粒性、分辨力、文字质量、纸张白度、光泽、透印、粉化等几个方面，质量要求为：

（1）线条或实地印刷品要求“墨色厚实、均匀、光泽好、文字不花，清晰度高、套印精度好，没有透印、背凸过重、背面蹭脏等现象”；

（2）影调（网点）印刷品要求“色调忠实于原稿、墨色均匀、光泽好、网点不变形、套印准确，没有重影、透印、各种印杆、蹭脏，以及人为的花痕现象”。

印刷质量评价有通过目检印象的主观评价，这种评价存在较大误差，在管理方法上难以做出标准的评价。借助密度计、光泽计等仪器，人们可以对印刷品的诸多技术项目进行数据测量，科学的客观评价弥补了主观评价的不足（图5-16）。

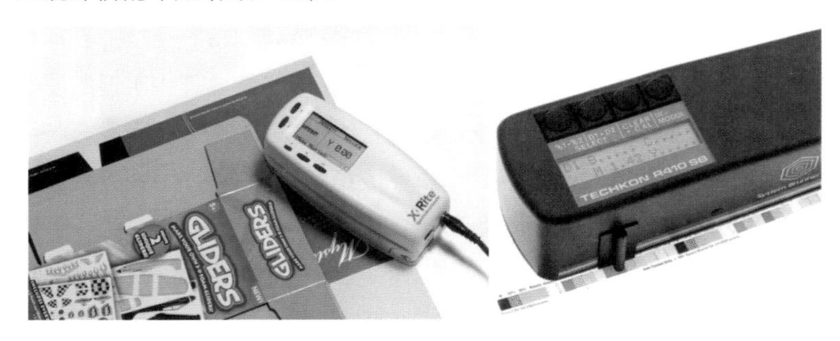

图5-16 借助仪器检测印刷品质量[3]

人们在印刷生产中常将印刷测控条作为帮助印刷品检测的一种主要手段，印刷测控条一般由网点、实地、线条等测标组成各种符号信息条带，附印在印刷品的纸边上，供监测时判断和控制拷版、晒版、打样和印刷时的油墨、色彩情况（图5-17）。

图5-17　检测条中检测到的印刷质量情况（套准和网点表现）[3]

常见的印刷测控条有瑞士的布鲁纳尔（Brunner）测控条（图5-18），瑞士的格雷达（GRETAG）测控条，美国GATF的数目与彩色密集块测控条，德国的佛格拉（FOGRA）测控条，日本的FUJI晒版测控条，以及瑞士和德国共同制作的UGRA/FOGRA数字测控条等。

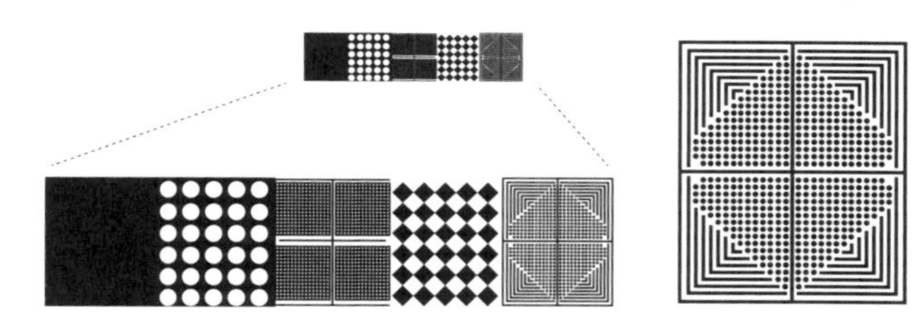

（上为原大图，下为放大图，右为50%细网测微段放大图）

图5-18　布鲁纳尔测控条

平版胶印生产产量多，机器设备体量大，生产速度快。然而，印刷品的质量检测却是精细入微，网线可以达到300线，套准线0-015pt粗细，调频网印刷中的网点颗粒可以达到10微米之细小。正是这种大与小，粗与细的巨大对比，成就了精良的印刷品，既是工业产品又为艺术品。

课后作业

1. 试调查本地印刷物资市场状况，撰写一篇市场考察报告。
2. 试列举一本书印刷过程中所发生的费用，核算其印刷成本。
3. 谈谈设计与生产制作的关系，撰写一篇工厂考察报告。
4. 说明平版胶印的彩色图像成像原理。
5. 试说明纸的克重与厚度的关系。

第六章 数码印刷实训

06

20世纪70年代，扫描仪和数字照排机问世，数码技术开始进入印刷工业的生产环节。迄今为止，数码印刷发展经历了5个阶段：（1）数码图像和文本的获取；（2）桌面出版（DTP）；（3）数码整页拼版和计算机直接出片；（4）计算机直接制版（CTP）；（5）计算机集成制造（CIM）技术。当今最新的计算机集成制造（CIM）技术能够实现网络化印刷，可以实现完全的数码工作流程和数码印刷，即计算机直接印刷。数码印刷流程大大地加快了印版的生产速度，节省了生产流程时间。节省了材料，简化了程序，同时提高了质量，优化了质量管理。数据还可以备份、管理、重新使用。数码印刷以其明显的优势在极短的时间内得到飞速发展。

印前与印刷的集成在一定程度上已经相当成熟，这里介绍的是数码印前技术，主要是指以数码原稿为基础，通过计算机直接出片或制版实现的数码印刷。

一、工作室条件

数码印刷实验主要是在数码印前工作室内完成。硬件方面，数码相机、扫描仪、电脑、黑白和彩色打印机等是数码印前工作室必不可少的设备。数码相机和扫描仪完成图形输入任务，电脑则最好同时配备Windows和Mac两种操作系统的机型。Mac系统为大多数艺术设计从业人员喜爱，Windows系统则拥有广大的商业办公用户，虽然目前两个系统文件兼容性较好，但一般的工作室都会同时配备两种系统的电脑以应对各种需要。黑白打印机打印黑白纸质稿用于校对版式和文字，彩色打印机打印的彩色稿作一般性的色彩校对用，准确的色彩校对还必须到专业的输出公司打数码样。除此以外，工作室还应配备操作台以供剪贴图样稿、做简易实物小样等。有条件的还可以配置专门的灯光校版台，灯光校版台安装标准光源，以便更好地观察色样和稿件。

软件方面，数码印前工作室应配备多种中英文字体库、图库光盘资料之外，主要有以下专业图形图像软件。

1. Illustrator或CorelDraw

矢量图形具有文件小、编辑方便、缩放不失真等优点，是平面设计中一项重要的内容。Illustrator是Adobe公司开发的一款矢量图形处理软件，具有Windows和Mac两种版本。Illustrator在图形设计方面表现极为出色，此外，Illustrator还能胜任简单的排版工作，特别是单页的版面排版，特别方便。Illustrator以稳定的专业表现赢得良好的口碑。CorelDraw是Corel公司开发的矢量图形处理软件。CorelDraw在排版方面同样不逊色，无论是图形处理、文本处理还是多页面排版上的表现都可圈可点，在PC用户中CorelDraw拥有众多忠实用户。

2. PhotoShop

PhotoShop应该是Adobe公司最为知名的产品了，广泛应用在摄影、印刷、动画、多媒体等领域。在印刷实践中，PhotoShop处理照片和图像方面表现极为出色，成为专业用户的不二选择。PhotoShop中还有印刷色彩模式（CMYK）、专色通道、陷印、叠印显示等是专门针对印刷技术而设置的内容。PhotoShop具有Windows和Mac两种版本。

3. InDesign

InDesign是Adobe全力打造的一款专业排版软件，与Illustrator、PhotoShop系出同门，可谓拥有良好的“血统”。相比较PageMaker和QuarkXpress，InDesign从一开始就摈弃了操作性差、兼容性弱等缺点，整合矢量处理和文字排版等多种功能，操作界面优良，功能强大，尤其是文件输出的可选性方面独具特点。特别是Adobe的pdf文件格式逐渐成为行业新标准后，InDesign受到极大的追捧。仅仅经过几次的改版升级，InDesign便不负众望地成为排版软件中的业中翘楚。

二、数字化文件基本知识要点

电脑作为一种工具给我们的专业工作带来极大的便利，现今的电脑软件功能强大，不仅可以处理多种工作任务，一些原本复杂的操作现在也能轻松处理，在现代化的印刷工业中，电脑技术已经成为必不可少的要件。电脑印前桌面排版汇集了印刷众多的知识，集艺术设计、工艺、软件操作、流程管理等于一体，历来是印刷流程中极为关键的一环。从艺术设计角度切入印前设计排版有助于设计创意的实现，电脑印前桌面排版必须至少了解和掌握以下基本知识。

1. 矢量与文字

电脑中的矢量图是通过数学计算语言来定义的图像。

我们常说“两点决定一线”，也就是说我们定义两个点就能得到一条直线，如果这个点有“把手”控制曲率的话就能形成曲线。法国数学家埃尔·贝塞尔利用这个道理创建了所谓的“贝塞尔曲线”。贝塞尔曲线最初应用在雷诺汽车的外型设计上，后来成为计算机矢量图形的基础。我们在电脑软件中使用到的“钢笔”工具就可以定义不同特性的锚点，完成贝塞尔曲线的绘制（图6-1）。

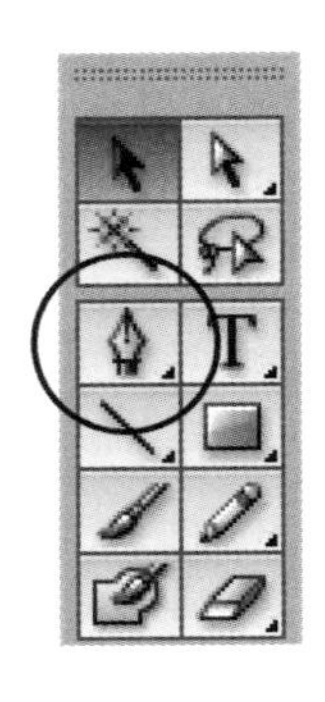
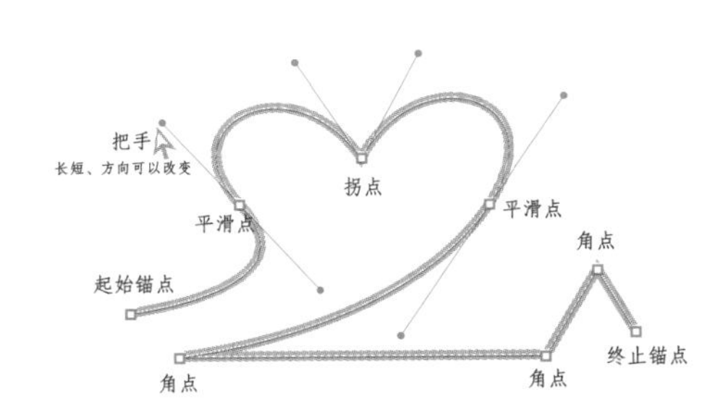

图6-1　钢笔工具与贝塞尔曲线

锚点是用数学语言定义的，锚点之间的线条也是通过数学计算的方式得到。改变锚点的位置，线条随之变化。放大图像时，锚点之间的计算方式不变，图形会依然保持明确清晰。矢量图形不存在分辨率的问题。

像Illustrator, CorelDraw, InDesign, Flash等软件是以矢量图为基础进行工作的，因此我们把这些软件称为“矢量软件”。在矢量软件中创建的文字有作为“字符”的特性，例如字体、字号、行距等属性，同时还具有矢量图形的特性，通过将文字“转换为路径”，我们可以是象编辑其他矢量图一样编辑文字。矢量软件中的文字实际上是一种特殊的矢量图。

图形和文字是艺术设计中两个非常重要的内容，熟练掌握电脑矢量图形和文字的处理有助于更好地处理艺术设计中的问题。

2. 位图与分辨率

一个像素占一个位置，用像素的方式来记录和存储，这类图像我们称为位图。位图是按像素排列的方式记录图像数据，便于那种快速记忆的图像记录，例如扫描图、数码摄影和屏幕截图等，这些图像与图像源之间存在像素一一对应的关系。我们拍摄的照片色彩丰富，变化微妙，是无法简单地用轮廓或填充来记录的，因此，位图是记录照片的唯一选择。

PhotoShop是当前最典型最强大的位图编辑软件，它可以编辑处理位图的格式、分辨率、色彩模式等，是照片处理的最佳工具。本书的所有照片都是经过了PhotoShop软件处理，包括调整照片文件格式、色彩模式、文件尺寸等，最后一一置入排版软件中完成书籍排版的。PhotoShop软件中有大量专门针对印刷工艺而定制的内容，印刷设计师必须掌握这部分内容。

正如上面所说，位图就像一张网格布一样，像素就是上面的小格子。记录一个图像必需有很多的像素，网格布越大，格子越密，记录的图像信息就越多，在PhotoShop中用“分辨率”来说明这个现象。分辨率是个专门用于位图的概念，以每英寸距离内像素排列的个数来反应图像的素质，单位是像素/英寸，ppi（Pixels per inch），实践中常用点/英寸，dpi（dots per inch）来表示分辨率。ppi数值越大表示每英寸距离内排列的像素越多，也就是说这张网格布的格子越小。

印刷对图像的质量要求是很高的，特别是对于高品质的商业印刷，对图像要求更是几近苛刻。除了色彩、色调以外，一项最基本的要求就是图像必须符合印刷所需的分辨率，只有达到技术要求分辨率的图像才能够通过印刷完美地表现。

我们知道，印刷品是通过细小的“网点”来表现图像的，不同大小、颜色的网点混合在一起，便组成丰富多彩的照片图像。网点越密，表现的图像细节越多。印刷技术中用线/英寸，lpi（lines per inch）为单位来描述网点密度，常被简称为“线”。

分辨率与印刷线数的关系是：

分辨率=印刷线数×2

举例，要在铜版纸上印刷175线的画册，电子文件中照片的分辨率必须保证为350（175×2）dpi。

3. 色彩模式与图像格式

我们看到的色彩无非是两种：色光和色料。象太阳光、灯光、电影、显示屏是色光，染料、涂料、颜料、油墨则是色料。

现在我们知道色光实际上是电磁波，其波长不同而使人眼感觉到不同的色彩现象，比如波长在700nm的电磁波能让人眼感觉到红色，

550nm的绿色，450nm的蓝色，人们称其为“红光”、“绿光”、“蓝光”。科学家还发现“色光三原色”为：红（Red）、绿（Green）、蓝（Blue），其他颜色的光可以通过这三种色光混合调配得到。例如：“红光+绿光=黄光”。正是基于色光的这些原理，我们的电视机、显示屏才可以只通过三种色光变化出万千色彩。

但是，我们在画画时调色板上奉行的是另外一种经验，“颜料三原色”：湖蓝、玫瑰红、柠檬黄，其他的颜色基本上能通过这三种颜料混合调配出来。印刷的油墨配色和绘画的颜料相似，1837年法国石版印刷技师恩格尔申请了“红黄蓝黑”四色套印彩色石版画的专利，得到法国政府的认可。目前，人们依然使用三种颜色为“油墨三原色”：青（Cyan），品红（Magenta）、黄（Yellow），结合黑色（Black）油墨，是就有了CMYK印刷四色（不用字母B表示黑墨是为了防止混淆Blue）。

我们知道，RGB表示的是色光，应用在与灯光相关、屏幕显示等领域；CMYK表示的是油墨，应用在与印刷相关的领域中。如果一张色彩模式是RGB的数码彩色照片要用油墨印刷的话，那么我们必须将它转化为CMYK的色彩模式，只有这样，照片上的色彩才能够按照印刷的模式分解成四个不同色版，最后通过印刷机四色套印重合准确地还原出来。我们可以通过“通道（Chanels）”面板来观察不同色版的情况。

支持印刷输出的还有灰度（Grayscale）、黑白（Bitmap）模式。

图像格式是图像文件在存储时选择的格式。格式是电脑文件的数据编排方式，简单地说就是文件类型。不同的文件格式具有不同的数据存储方式，用途各不相同，比如JPEG格式的图像文件，虽然损失了一些图像数据信息，但它将文件压缩到最小，给文件传输带来便利，所以它广泛使用于数据存放，网络传输等。

TIFF、EPS是印刷中用到的两个基本的图像文件格式。

4. 挖空与叠印

我们在电脑软件中处理图形，两个色块叠加在一起，有“挖空”和“叠印”两个状态。这两种状态可能在屏幕上显示出来没有差别，但在分色时便显现出来。如图6-2所示，A、B两个红色五星叠加在一个蓝色圆形图案上，A为缺省状态，B则设定为“叠印”。图形分色后，红蓝两个色版，蓝版里A、B情况不同，“挖空”A下面的蓝色部分没有了，“叠印”B下面蓝色部分显现(图6-2)。

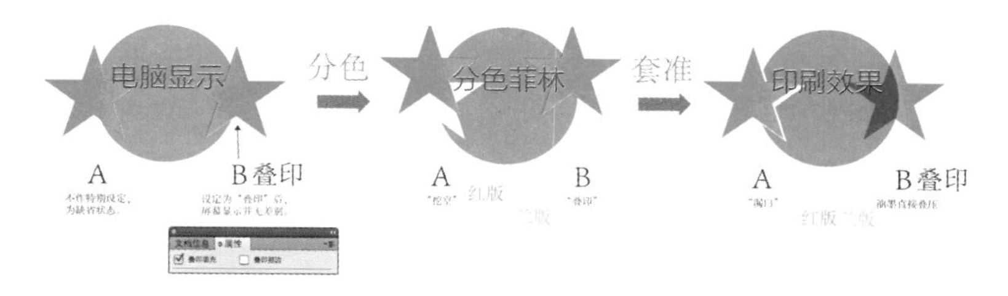

图6-2 挖空和叠印

挖空图形分色后重新套版,色版之间套准要求很高,否则会出现“漏白”现象。叠印则不同,位置偏差并不会产生漏白,但因为油墨是直接叠压,色彩会有所影响。

了解“挖空”和“叠印”的特点,在印刷制版时可以有针对性地选择“叠印”设置。通常黑色的文字出现在色块上时,会将文字设置为“叠印”。烫金银等工艺是直接叠压在图文上的,也必须设置成叠印。

5. 字体大小

表示字体大小主要有号数制、点数制。

号数制是中文传统铅字排版字体的标示方法,按大小依次为初号、一号、二号、三号、四号、五号、六号、七号,共七级。号数越大,字体越小,最大字体为初号。号数制字体分三个系列:(1)初号、二号、五号、七号为同一组字体;(2)一号、四号为同一组字体;(3)三号、六号为同一组字体。同系列字体间大小规律为四倍数关系(图6-3)。

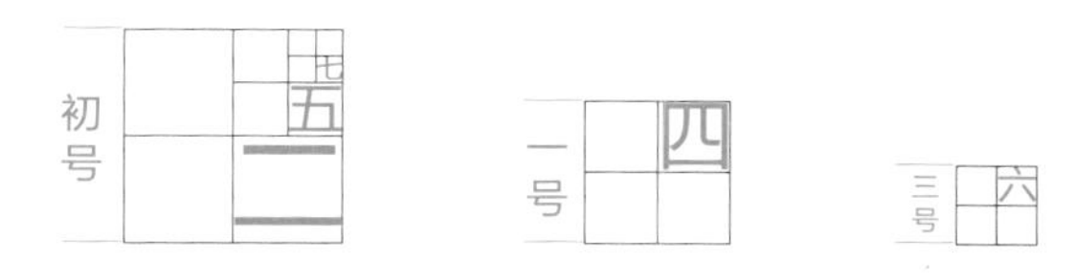

图6-3 点数制计量字体大小

点数制是西方传统标示字体大小的方法,现已成为国际统一的文字标示制度。点数制用pt来作为计量单位,pt是point的缩写,中文译成“点”。它的来源是过去印刷工人为决定字体的大小,就用自己脚(feet)的多少分之一来量。美国以前还有多种不同的pt大小,到1886年才统一下来,即1pt(点)=1/72inch(英寸),等于0-3527 毫米。“点”计算字体

大小单位转化关系如下:

1 inch（英寸）=6 pica（派卡）

1 pica=12 point（点）

现在pt（点）除了用在计量字体大小外，还用来表示线的粗细。

三、数码印前操作实训

为了获得良好的货架展示效果，包装在印制中往往会使用很多诸如烫金、专色等工艺，这样可以使包装盒看起来熠熠生辉。包装盒印前制版实务更能检验印刷工艺的把握。

【实训一】

这里，我们通过一个文具包装的印前电脑制版操作，练习掌握包装印刷制版的工艺。我们在超市中购得一个文具产品，临摹这个产品的包装制版过程。如图6-4所示，此包装盒材料为白卡纸，包装中主要色彩为红灰两色。观察包装盒实物样品发现，灰色是印刷K色，这个红色并非印刷四色中M和Y两色版混合而成，而是一个专门调制的专色。专色红加上产品照片中的四色，这个包装共用了五色版。包装盒图案包含文字、色块和一个产品照片，我们用不同的软件处理不同的对象。

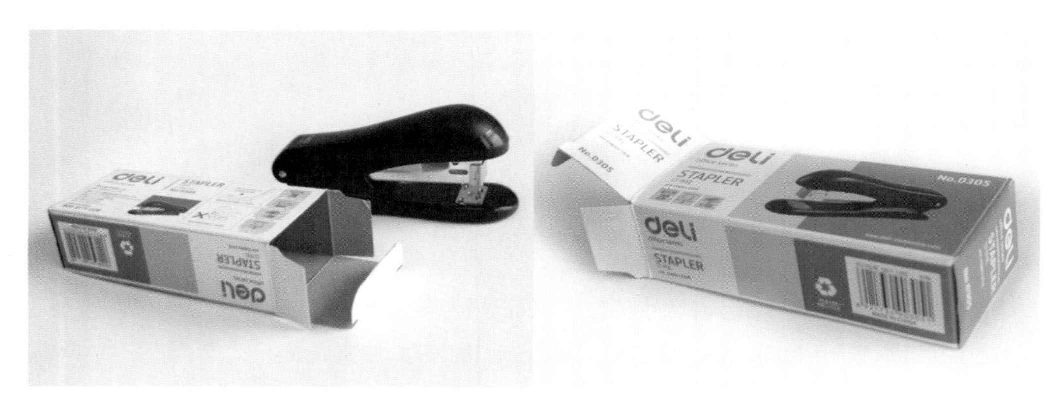

图6-4　文具包装实样

1. 产品照片处理

先用数码相机对订书机产品实物进行拍摄。照片导出到电脑中，用PhotoShop打开照片文件对其进行技术处理（图6-5~6-10）。照片文件命名为“订书机.eps”存“订书机印刷版”文件夹中备用。

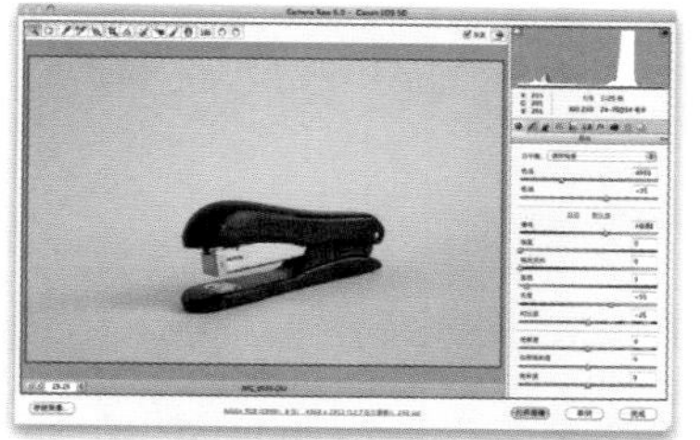

图6-5　打开数码照片

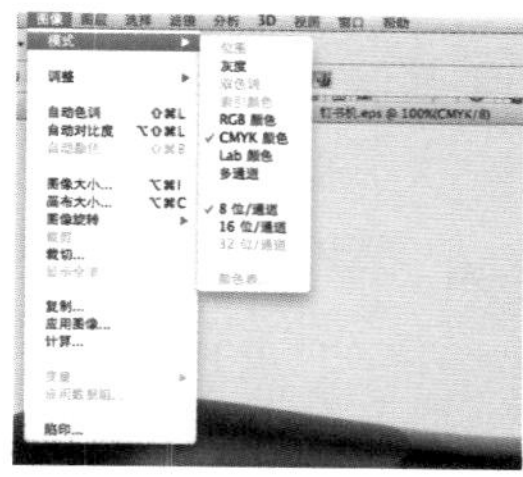

图6-6　RGB转CMYK

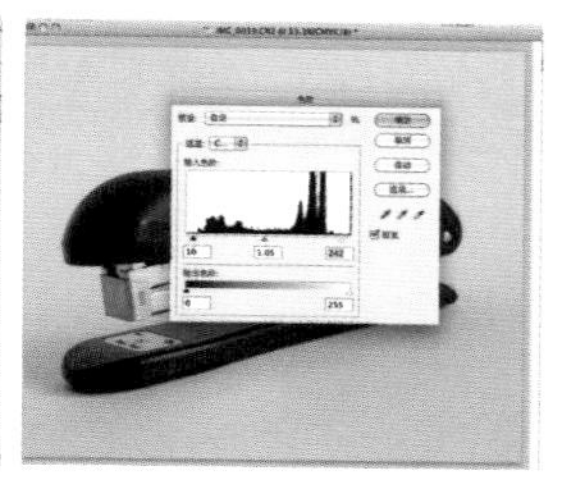

图6-7　色彩调整

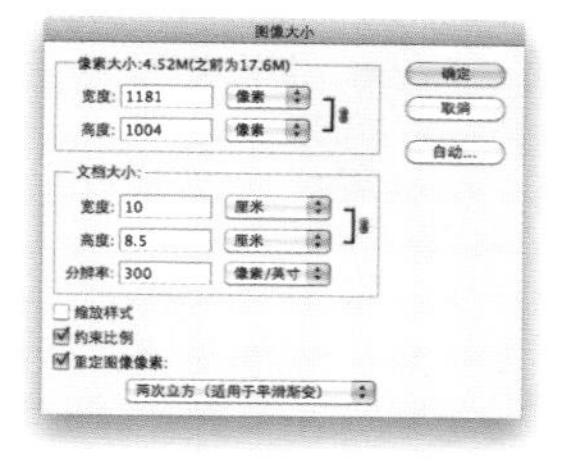

图6-8　文件尺寸调整

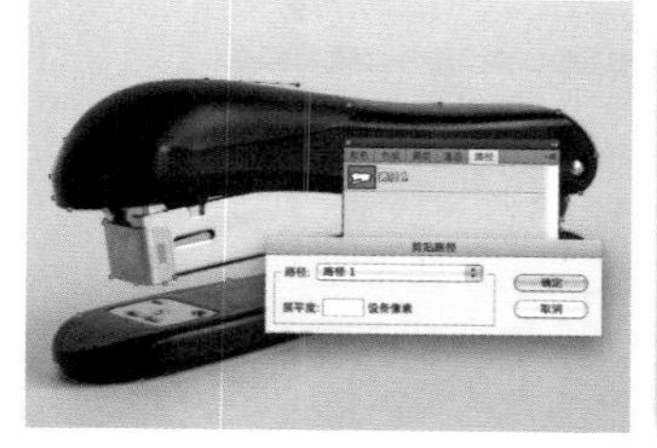

图6-9　褪底路径设置

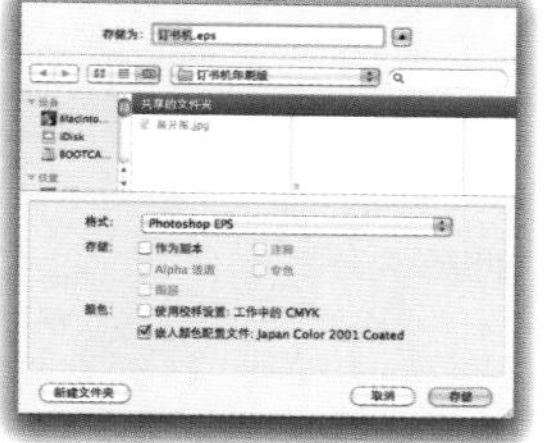

图6-10　文件存储为eps格式

注意几个要点：（1）色彩模式应转为印刷油墨的CMYK模式；（2）设置文件大小时确保适合的照片长宽尺寸和300dpi的分辨率；（3）这里包含褪底的路径，文件应存储为EPS格式，并且与后面的组版文件放在同一个文件夹内。

2. 编排组版

组版之前，将包装盒拆开平展，按1:1的尺寸扫描展开面，得到尺寸参考图。这个参考图可以为组版起基本定位作用。由于仅仅是参考作用，图片设定为：RGB，200dpi，JPG。扫描文件经PhotoShop处理后命名为“展开图.jpg”存“订书机制版”文件夹内备用。

我们在Illustrator软件中完成剩下的图形绘制和组版工作。

确定规格与尺寸线　组版的第一件事就是确定尺寸规格。规格包括两个：文件页面规格和包装盒本身的规格。此包装盒展开尺寸约为16开，按照纸张的开度，我们设定一个正度4开（540mm×390mm）的版面，准备在一个较大的版面内进行包装盒的排版。文件命名为“订书机组版”，页面文件设定如下（图6-11）。

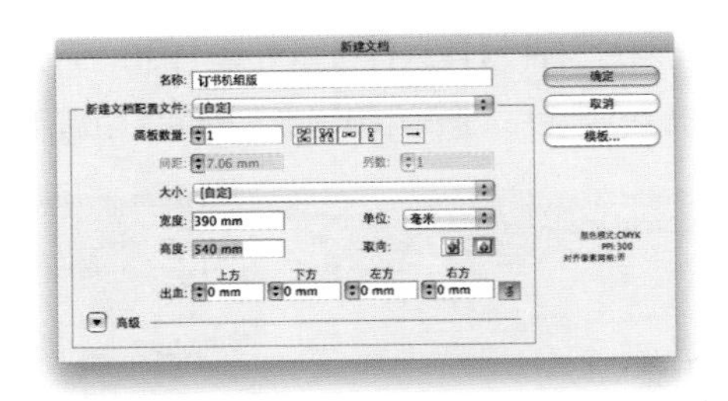

图6-11 组页文件页面大小设定

置入刚才扫描的“展开图.jpg”到页面中(图6-12)。

锁定展开图。根据我们用直尺量得的包装盒各个面的尺寸，结合展

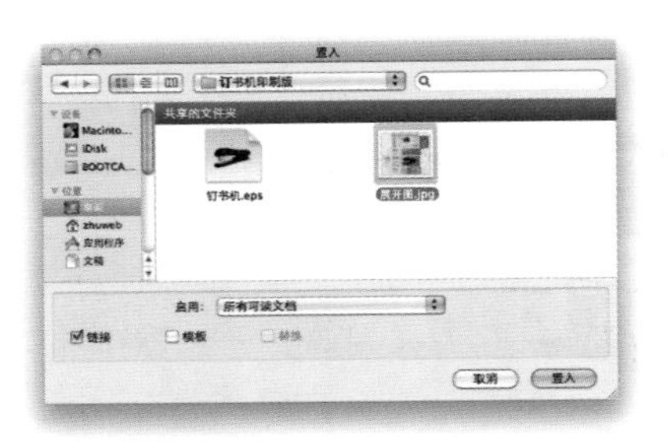

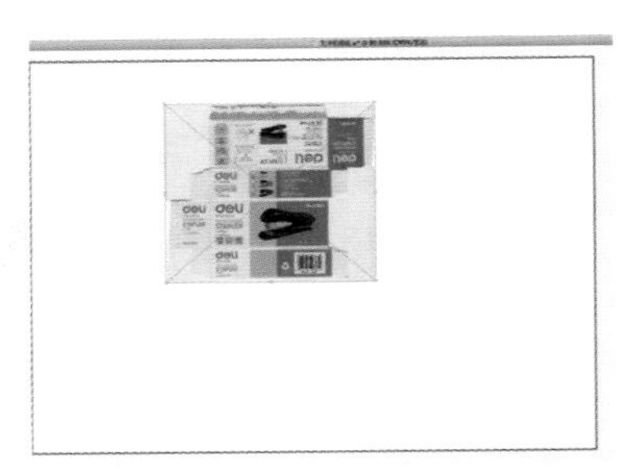

图6-12 置入扫描图

开图图样，在展开图上面绘制包装盒的结构线。结构线反映的是包装的尺寸关系，是图文编排和排大版时把握尺寸规格的重要依据。尺寸线是制版时的辅助参考线，并不需要被印出来，因此必须用一个印刷四原色CMYK以外的色彩来设定它，“新建色板→颜色类型→专色”。同时，尺寸线还不能影响下面的图文，选尺寸线，设定“窗口→属性→叠印描边”（图6-13）。

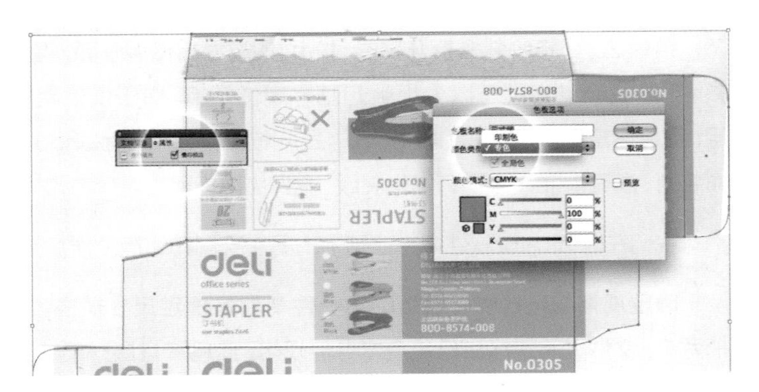

图6-13 包装尺寸线的绘制与设定

图文编排　尺寸线绘制完成后，便可开始图文编排。首先绘制出包装中的红色块部分，为区分红色的底图和参考线，避免文图被遮挡，可暂时先用蓝色的线框来标示红色块部分，等到最后再改成红色。此处特别注意，图中黄颜色标示的是被裁切掉的图片“出血”部分，这里一定要还原画出来（图6-14）。

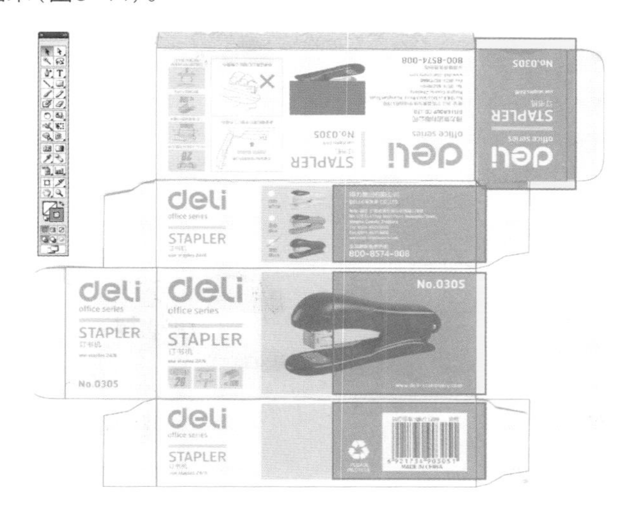

图6-14　色块“出血”

置入“订书机.eps”文件，图片自动褪底。将样稿中的灰色块和印刷色谱比对，得出灰色色块的百分比数值，完成灰色色块的绘制（图6-15）。

图6-15　灰色色值设定

条码制作需用条码制作软件，输入数字便可自动生成。这里用了Barcode Producer软件生成条码，并将矢量条码粘贴到AI组版文件中，完成条码的制作（图6-16）。

图6-16　商品条码制作

按照底图的位置，继续完成其他的图文绘制,直到所有的图文内容都绘制完成。取消图文锁定，将底图删除，版面内只留下新创立的单个包装的展开图稿（图6-17）。

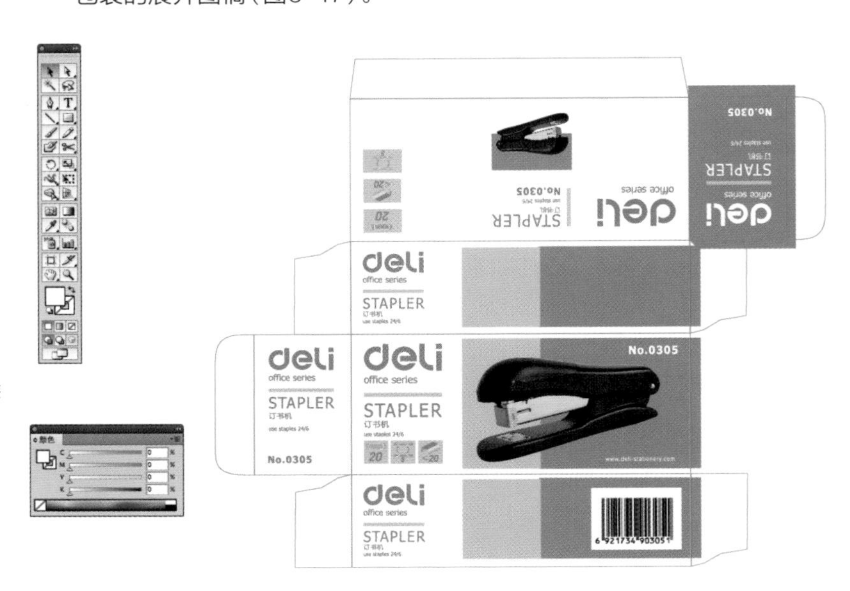

图6-17　新创立的单个包装展开图稿

最后通过“选择-相同-填充颜色”选取所有蓝色的对象，将蓝色改回为专色红显示。这个红颜色虽然是按照M100Y44来显示，但它被设定为是个专色，到分色时这个颜色会输出成一个专门的色版，并不会按四色规律分解成M和Y色（图6-18）。

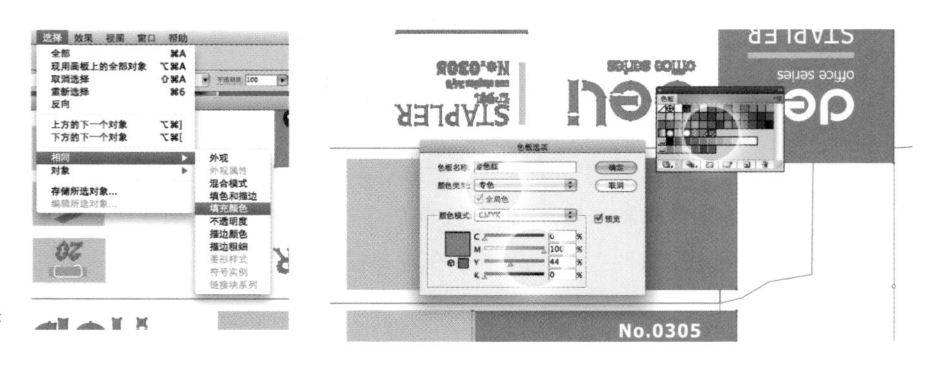

图6-18　修改颜色显示

在包装印刷中专色用的特别多，诸如金、银油墨、UV油墨等。在包装中常见的烫金字，在电脑制版中也是设定成专色，如果烫在图文上，烫金对象还要设定“叠印”。

至此，我们就完成了整个包装的图文编排工作（图6-19）。

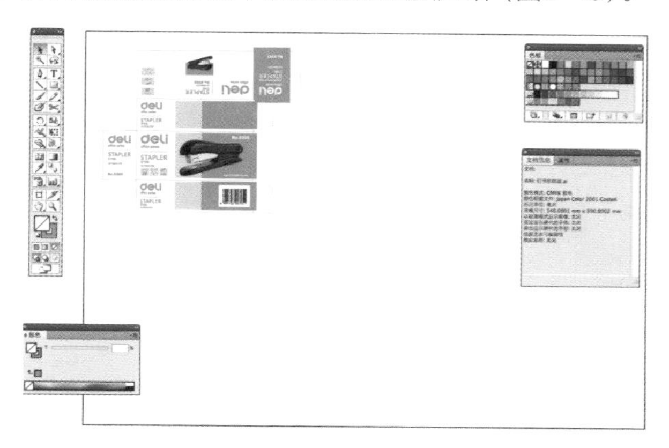

图6-19　单个包装完稿

3. 拼大版

对于一些幅面较小的印刷品，在印刷实践中往往会把多个幅面拼在一起，组成一个大版来印刷，既适应印刷机和纸张的开度，又可以提高产量。象书本、画册等产品，因为规格相对规整，它们的拼大版工作通过专门的拼大版软件很容易实现。包装盒结构较为复杂，往往需要操作者灵活处置。

像AI这样的矢量软件除了绘制图形以外，同样可以处理一些基本的拼版工作。

将单个包装“群组”，利用“复制和移动”功能将包装展开图平铺在4开纸的版面上。复制和移动时需注意保持包装与包装之间的尺寸线距离为3mm左右（图中黄色标示部分）。小于3mm不易制作冲切刀版，大于3mm将造成纸张的浪费。有些精确的大版，可以通过数据计算来控制“复制和移动”的位移（图6-20）。

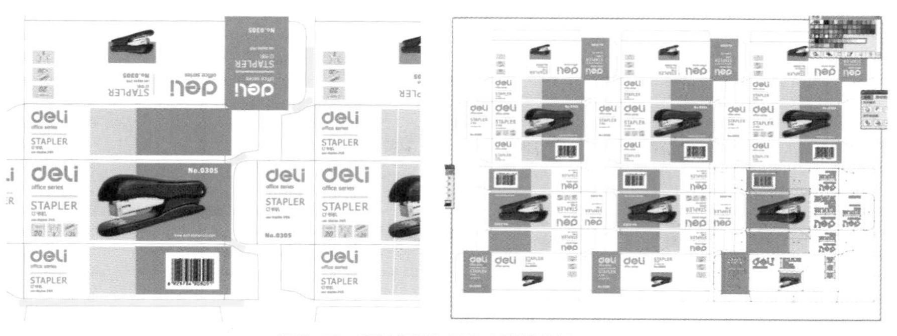

图6-20　通过复制和移动来拼铺大版

接下来，我们可以给大版制作一个自制的裁切和套准标志，并在页面旁制作一个简易色版识别符号。用参考线标示出包装盒尺寸的最大裁切范围，并用在四周制作“角线”作为纸张的最大裁切位置。“角线”用细短线条，设定为“极细，套版色”（图6-21）。

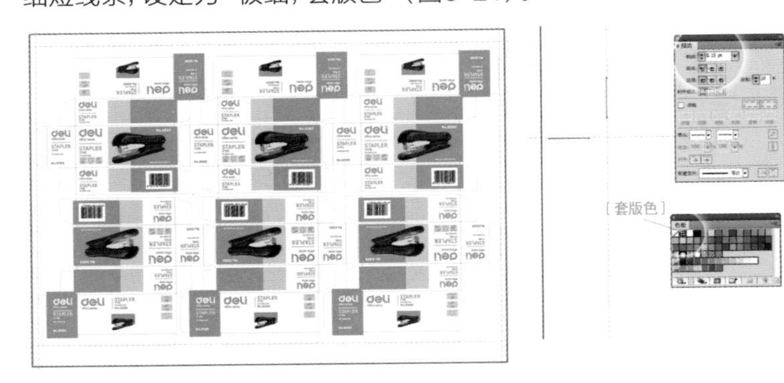

图6-21　制作“角线”

按照“角线”的制作方法在版面长边中部制作“十字套准线”，并在十字线附近制作色版识别标记。色版识别标记可以用100%实地小色块标示，色块上标上字母。这样分色后的菲林上，每个色版上都有色别标记，很容易区分（图6-22）。

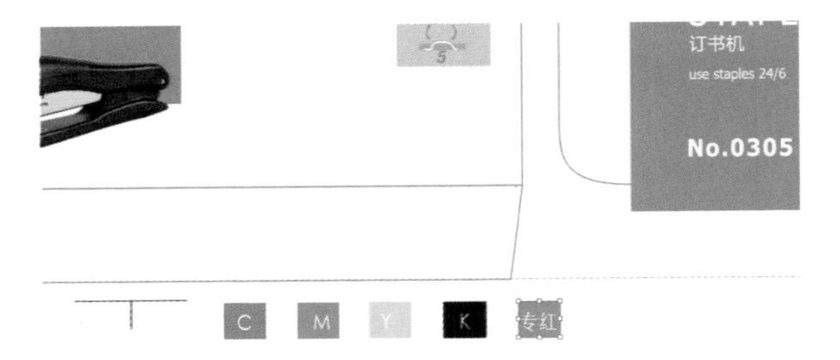

图6-22　十字套准线和色版识别标记

存储最后的完稿。用AI制作的组页文件和产品照片放在同一个文件夹，输出时一并带上。原来扫描的展开图最后可以删除（图6-23）。

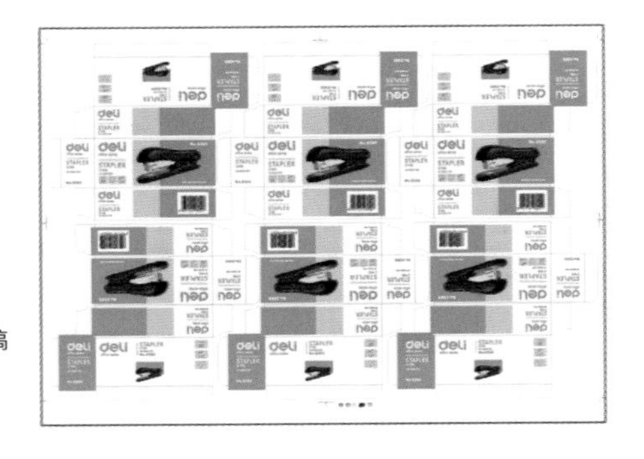

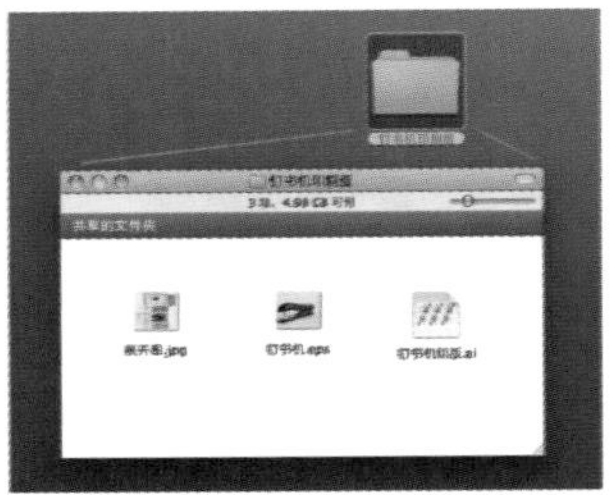

图6-23　拼大版完成稿

如果文件需外交打印店打印的话，建议将文件另存为PDF格式打印。这是因为有的打印店不一定装有AI软件，另外还可能有图片或字体缺失问题。现今版本的AI可以另存为PDF格式，PDF格式文件小，不需要图片链接和携带文字，整合性和兼容性都很好，是外部输出的最理想的文件格式。（图6-24）。

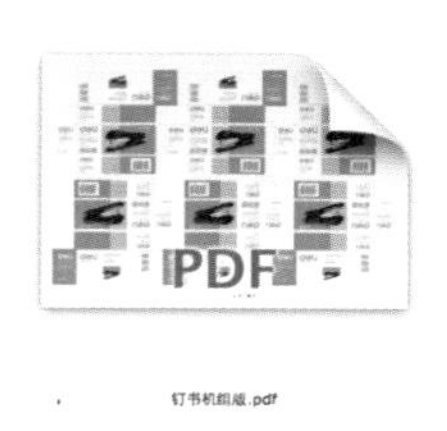

图6-24　PDF打印的设定

如果你的电脑装有激光打印机的话，可以从“打印”菜单中看到分色打印的各种设定。这些设定和在输出公司看到的是一样的，只是打印机器和介质不同罢了（图6-25）。

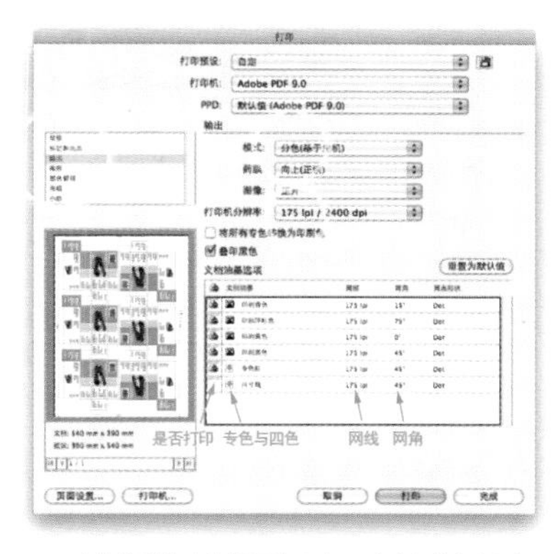

图6-25　分色打印的设定

以上的实训是用Adobe Illustrator进行的排版练习。应该说AI在插图和基本排版中还是可以胜任的，然而对于其他的一些项目，例如一些图片较多，或者有大量文字的项目，特别是大版面、多页面的情况下，AI会显得吃力。这时，InDesign无疑是最好的选择。InDesign是一个专业的排版软件，它能够完全胜任印刷出版的任何技术需求。无论是文字、图形、图表、图像，InDesign都具有出色的处理能力。InDesign还可以在显示器上模拟正确的颜色输出检校文件，它的预检和打包功能，使链接图文件、字体等内容的文档检查变得异常轻松，最值得称道的是它与国际标准PDF文档的良好交互性，将文件的设计、排版、打印、输出、数码印刷、电子发布等多种任务整合一体。InDesign软件的诸多功能代表了数字化印刷与出版的未来。

【实训二】

回到第二章的第一个问题，你现在读的这本书是如何生产出来的？是怎样完成电脑制版的？最后，我们以本书的生产流程为例，对InDesign的应用作简要讲解。

1. 原稿处理

原稿包括有：文字稿、数码照片、印刷品图片、矢量图、截屏图等。文字稿可以在Word中输入成电子文本。图片形式较为多样，其中印刷品照片扫描时“去网纹”处理，和其他数码照片、屏截图一样，都要设定为“CMYK色彩模式、300dpi、tiff格式”。部分矢量图在Illustrator中绘制好，存储为pdf格式文件，可直接置入到InDesign中使用。所有图片按一定的序列编号命名，全部放在一个文件夹内（图2-26）。

图6-26　原稿的文件管理

这一步是一个耗时极长的工作，无论是文稿的撰写还是图片的处理，都需要花费大量的时间。

2. 文字编排

在InDesign内新建一个文档，页面规格为185mm×260mm，页数设110页，后面可增可减（图2-27）。

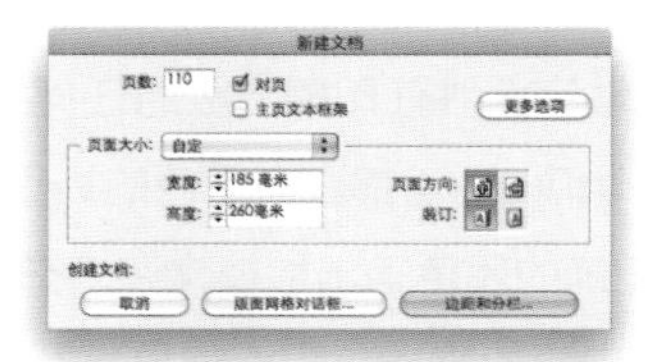

图6-27　组页文件设定

在主页内操作，设定自动页码，页眉等内容（图2-28）。

图6-28　主页设定

设定文本排式，包括章标题、节标题、正文、图注等项目（图2-29）。

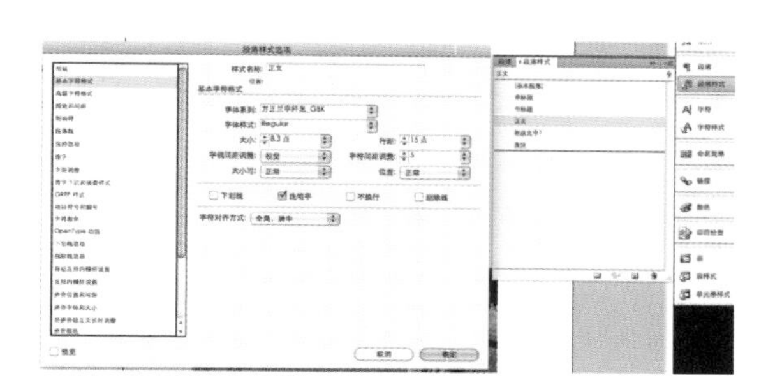

图6-29　段落排式设定

置入Word文本。按设计要求设定文字的排式。置入图片，完成图文版式编排（图2-30）。

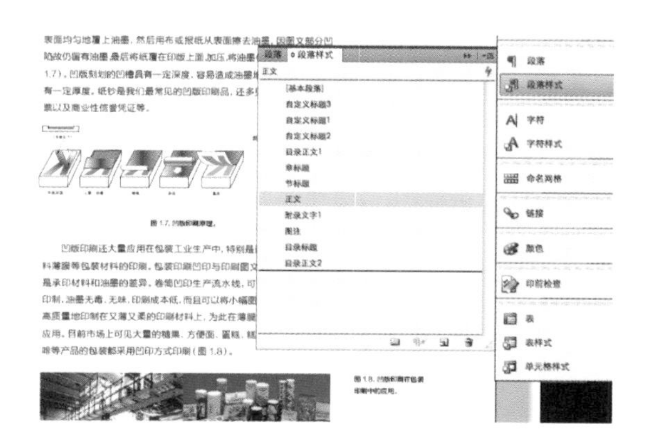

图6-30　图文编排操作

完成编排后可输出pdf文件打印黑白稿供校对审稿，发现问题及时修改更正，直到审稿通过（图2-31）。

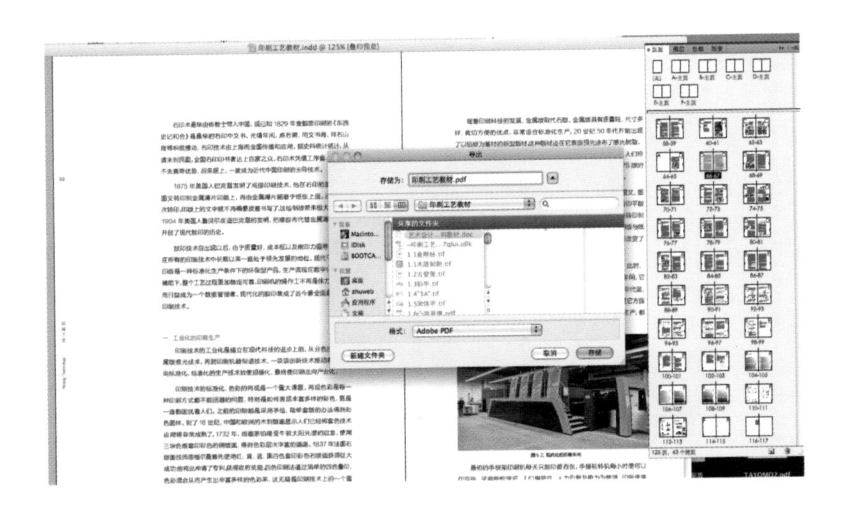

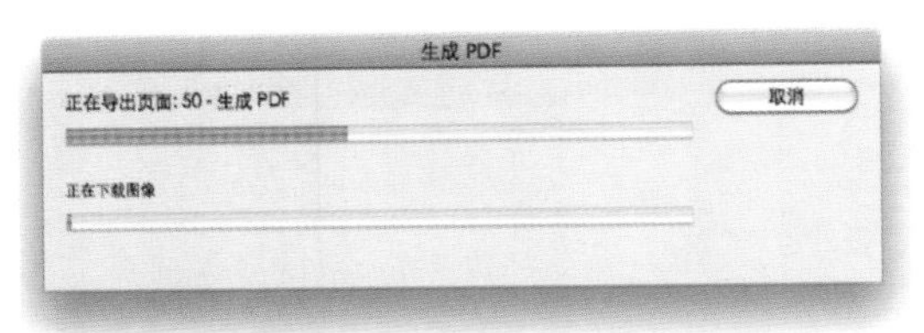

图6-31　文档导出pdf以供打印与校对

3. 拼大版

完成审校后的书稿便可以交印刷厂印刷生产了。印刷厂制版部门先把电子文档输出成印版。制版软件可以完成自动拼大版、折手等设定，直接输出大版PS版。本书内页按120个P来算，需15套（120/8）对开版才能排完，再加上封面一套版，本书一共需16套版。

书的封面与内页纸张不同，需另外制作印版。封面封底加上书脊就是封面版的版面大小。按照所选纸张单张厚度乘上页数，能算出书本厚度，也即书脊厚度。

4. 印刷及装订

16套版按指定的数量印刷好，印刷好的印张再送到装订流水线上。在流水线上折页、配帖、包封皮、胶装、切书等工序都可以自动完成。产品经质检、入库仓储，最后经出版社发行部门发到书店上架。书就这样到了你手中。

课堂训练

1. 用电脑软件制作供印刷用的包装盒电子稿，并打出数码纸样。
2. 编辑一份4开大小的文摘类报纸，按印刷要求制作，打印出黑白纸样。
3. 编辑一份16开32页的杂志，按印刷质量要求设计制作，打印装订成册。

（以上任选一题）

课外思考题

1. CMYK和RGB分别是什么样的图象模式？
2. 什么叫“补漏白”？在电脑软件中怎么设定“补露白”？
3. 试说出以下文件格式的特点：JPG, TIFF, EPS, PSD。
4. 试列举在常见的印刷实践中，用到“专色”的情况。
5. 软件中“套准线”色彩有什么作用？如何应用？

参考书目

[1] [法] 费夫贺·马尔坦.印刷术的诞生 [M].李鸿志译.桂林：广西师范大学出版社，2006

[2] [英]格拉博夫斯基，菲克.版画观念与技法大全 [M].于洪，张俊译，杭州：浙江人民美术出版社，2012

[3] [德] 赫尔穆特·基普汉.印刷媒体技术手册 [M].谢普南，王强主译，广州：世界图书出版公司，2004

[4] 廖念一.计算机辅助制版与水印丝网版画 [M].重庆：西南师范大学出版社，2007

[5] [美]莱斯利·凯巴加. 标志字体设计圣经. 王毅译. 上海：上海人民美术出版社，2006

[6] 刘昕编著.印刷工艺学 [M].北京：印刷工业出版社，2005

[7] 林行健.印刷设计概论（第二版）[M].台北：台湾视传文化事业有限公司，2001

[8] 李仲.木版画 [M].重庆：西南师范大学出版社，2007

[9] 穆健编著.实用电脑印前技术 [M].北京：人民邮电出版社，2008

[10] 钱存训.中国纸和印刷文化史 [M].桂林：广西师范大学出版社，2004

[11] [美] Rorbert Adam, Carol Robertson. Screen Printing—The complete water-based system, Thames & Hudson,2003

[12] 苏新平主编.版画技法（上、下）：传统版画、木版画、铜版画技法 [M].北京：北京大学出版社，2008

[13] 王受之.世界平面设计史 [M].北京：中国青年出版社，2002

[14] 吴永贵编著.中国出版史（下册·近现代卷）[M].长沙：湖南大学出版社，2008

[15] 熊小明编著.中国古籍版刻图志 [M].武汉：湖北人民出版社，2007

[16] 郑德海 郑军明编著.丝网印刷工艺 [M].北京：印刷工业出版社，2006

1. 丝印工作室工作单

丝网印刷工作室工作单

班级：＿＿＿＿＿＿ 第＿＿组　组长：＿＿＿＿＿＿ 组员：＿＿＿＿＿＿

作品名称：＿＿＿＿＿＿＿＿＿＿＿＿＿＿＿＿＿＿＿＿＿＿＿

	项目
印前阶段	1.1 图稿 方法：绘制 □ 输出菲林 □ 其他 □ 内容：色块 □ 影调 □ 分色数：　　操作者：＿＿＿＿＿＿ 日期：＿＿＿＿＿＿
	1.2 拉网框 丝网布准备 □ 拉网 □ 操作者：＿＿＿＿＿＿ 日期：＿＿＿＿＿＿
	1.3 涂布感光胶 上胶 □ 干燥 □ 操作者：＿＿＿＿＿＿ 日期：＿＿＿＿＿＿
	1.4 晒版 晒版 □ 洗版 □ 干燥 □ 操作者：＿＿＿＿＿＿ 日期：＿＿＿＿＿＿
印刷阶段	2.1 调墨准备 色数： 色别：□ □ □ □　　操作者：＿＿＿＿＿＿ 日期：＿＿＿＿＿＿
	2.2 承印物准备 纸张 □ 其他 □ 操作者：＿＿＿＿＿＿ 日期：＿＿＿＿＿＿
	2.3 印制 上版 □ 定位 □ 印制 □ 操作者：＿＿＿＿＿＿ 日期：＿＿＿＿＿＿
印后阶段	3.1 洗版 洗版 □ 清理机台位 □ 操作者：＿＿＿＿＿＿ 日期：＿＿＿＿＿＿
	3.2 作品签注 挑选 □ 签注 □ 操作者：＿＿＿＿＿＿ 日期：＿＿＿＿＿＿

2. 印刷常用术语

(1) 印前

出　血：对一些需要跨出纸边的图纹，在制版时需超出裁切线3mm，预留裁切的偏差，此超出部分称为“出血”。

叠　印：一种油墨直接叠压在另一种油墨之上。

漏　白：印刷时因套色不准，漏出纸张的白色缝隙。

补漏白：制版时为防止露白，有意使颜色交接处“扩张爆肥”，减少套印不准的影响。

开　本：开本是书刊装订成册的大由幅面。

扉　页：衬纸下面印有书名,出版者名,作者名的单张页。有些书刊将衬纸和扉页印在一起装订(即筒子页)称为扉衬页。

天　头：书刊正文最上面一行字到书页上边沿处的空白。

地　脚：书刊正文最下面一行字到书页下边沿处的空白。

订　口：指书刊应订联部分的位置。

(2) 印刷

咬　口：PS版的一边(长边)约7cm插入印版滚筒边固定，在版上预留的这个位置称为咬口位置。

自反版：印完一面后，版不换，纸张翻一面继续印刷背面。

飞　墨：油墨稠度不够，印刷机转速快，离心力使墨点飞溅。

夹　炮：过多纸张夹在压印滚筒和橡皮滚筒间，触发安全感应使印刷机停止转动。

打　掣：印刷机因事故而停止转动，原因多为进纸不顺或双张进纸触发安全装置。

过　底：印刷事故的术语，指墨层太厚来不及干燥，污染了压在上面的纸张背面。

打　稿：供正式印刷时参考的打样样稿。

飞　达：指印刷机喂纸的传送装置。

(3) 印后

破　口：书芯裁切后书页的切口出现破损。

粘　口：书帖粘联零散书页时在书帖上涂胶的部分。通常以最后一折的折缝线为基准线,按一定的宽度在书帖边涂胶。

折缝线：印刷书页在折页加工时的折叠线。

铣　背：用铣刀将书芯后背铣成沟槽状,便于胶液渗透的一道工序。

刀　花：切口出现凹凸不平的刀痕。

小　页：书帖中小于裁切尺寸的书页。

白　页：因印刷事故,使书页的一面或两面未印上印迹。

勒　口：平装书的封面前口边大于书芯前口边宽约20~30mm,再将封面沿书芯前口切边向里折齐的一种装帧形式。

压　痕：利用钢线,通过压印,在纸片上压出痕迹或留下供弯的槽痕。

环　衬：连接书芯和封皮的衬纸。

毛　本：三面未切光的书芯。

光　本：三面切光的书芯。

扒　圆：圆脊精装书在上书壳前,先把书芯背部处理成圆弧形的工序。

圆　背：精装的一种。书背制作成一定弧度的圆弧面。

圆　势：精装书圆背弧面的弧度。

方　背：精装的一种。书背平直且与封面封底垂直。

堵头布：贴在精装书芯背脊天头与地脚两端的特制物。

整　面：也称全面,书壳的表面材料是一整块。

接　面：也称半面,书壳的表面材料不是一整块,通常是封面和封底用一种材料,书腰用另一种材料拼粘而成。

起　脊：精装书在上书壳前,把书芯用夹板加紧压实,在书芯正反两面接近书脊与环衬连线的连缘处压出一条凸痕,使书脊略向外鼓起的工序。

飘　口：指精装书刊套合加工后,书封壳大出书芯切口的部分。

包　角：在书封壳的前口两角上包一层皮革或织品。

书　槽：又称书沟或沟槽,指精装书套合后,封面和封底与书脊连接部分压进去的沟槽。

3. 四色配色简表

C

100 90 80 70 60 50 40 30 20 10 0

0 10 20 30 40 50 60 70 80 90 100

M

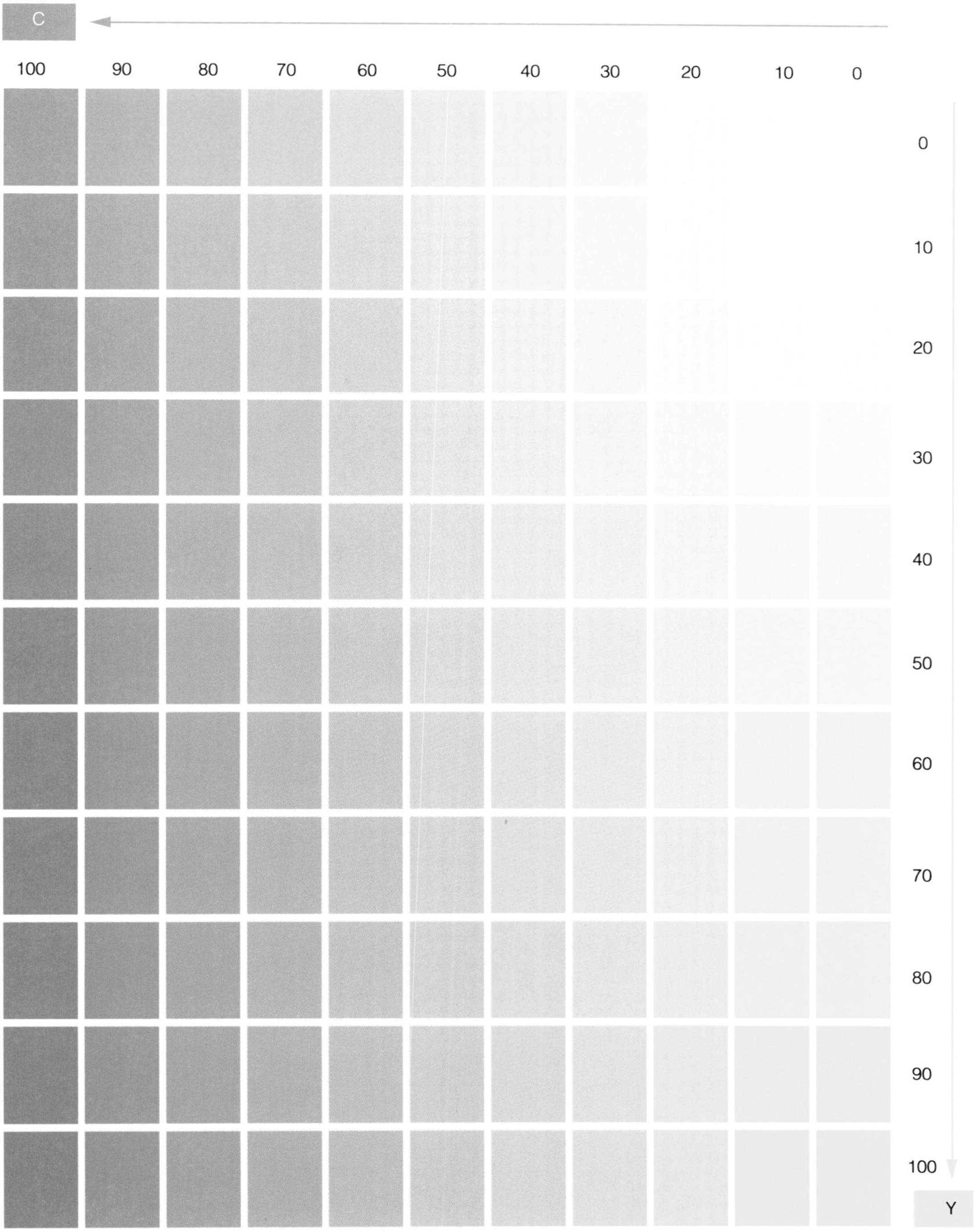

C

100 90 80 70 60 50 40 30 20 10 0

Y

0 10 20 30 40 50 60 70 80 90 100

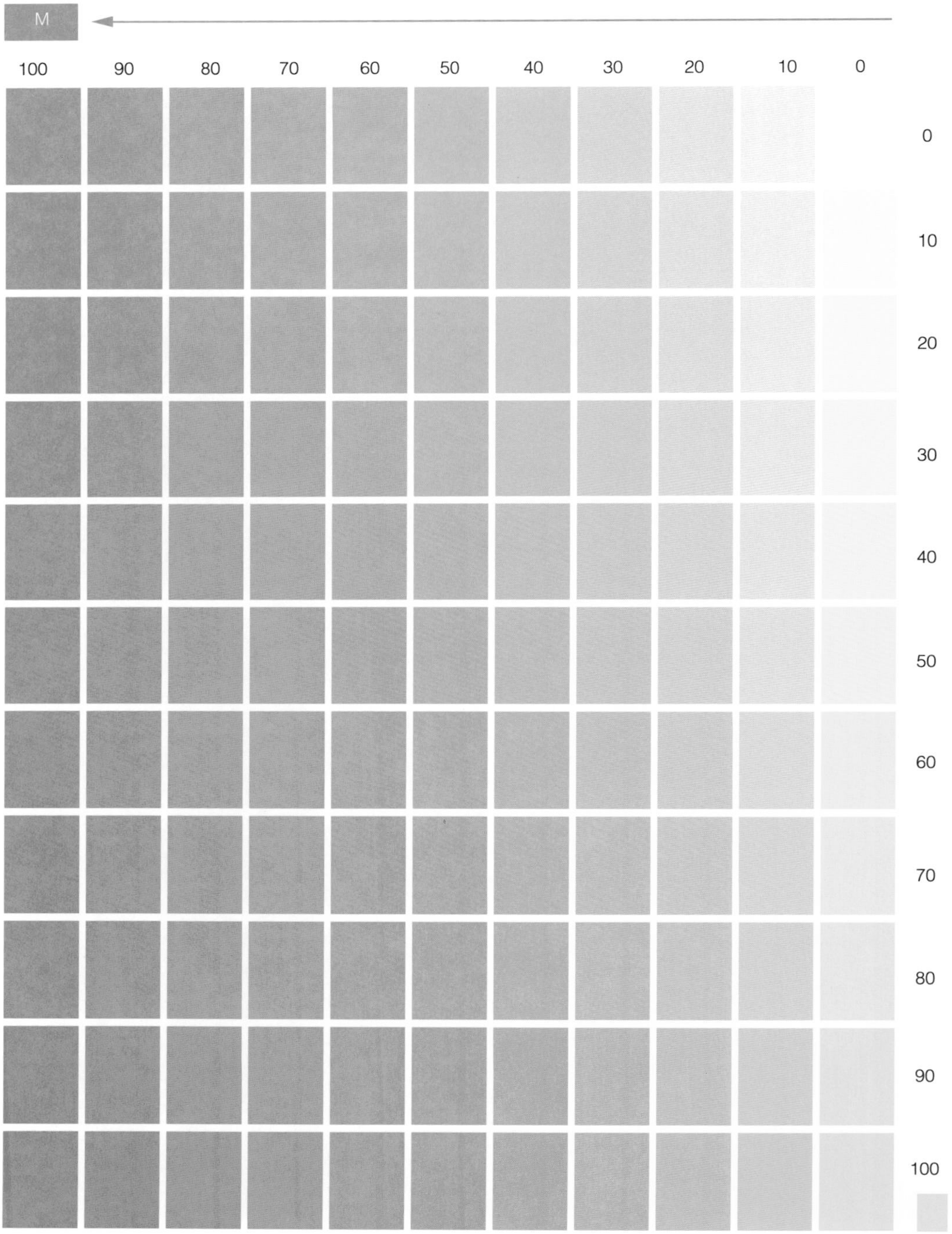

M

100 90 80 70 60 50 40 30 20 10 0

0
10
20
30
40
50
60
70
80
90
100

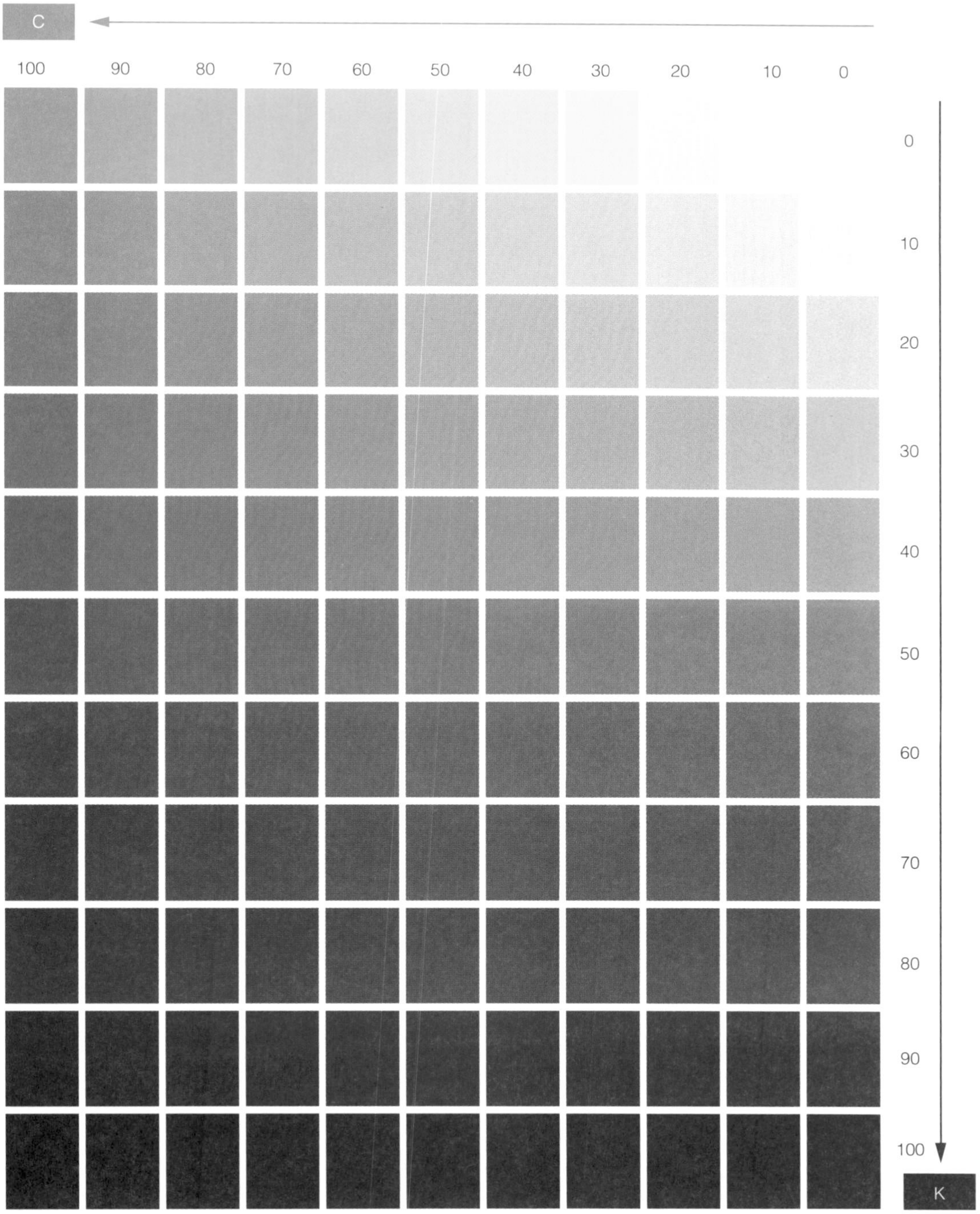

C

100 90 80 70 60 50 40 30 20 10 0

0
10
20
30
40
50
60
70
80
90
100

K

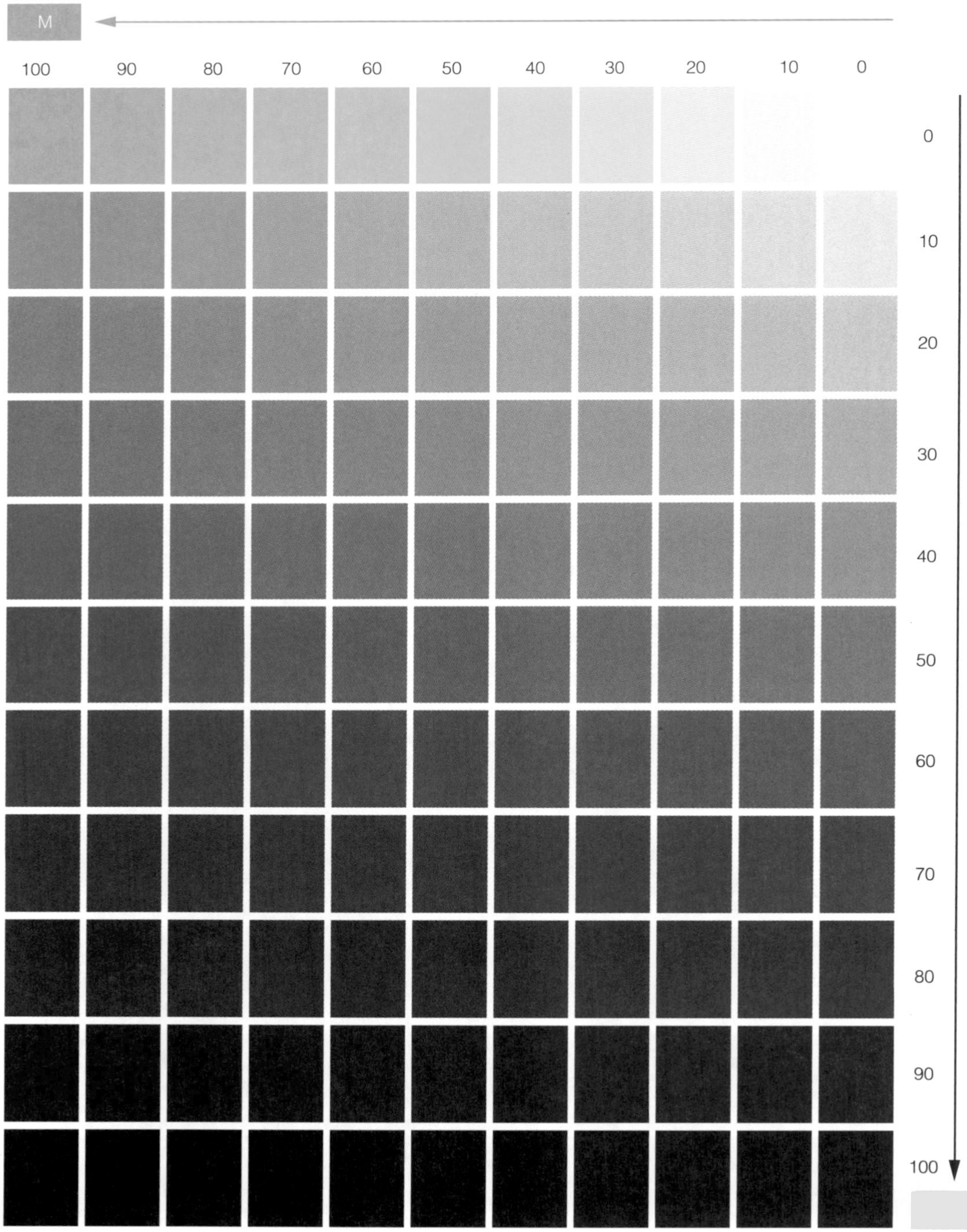

M

100 90 80 70 60 50 40 30 20 10 0

0
10
20
30
40
50
60
70
80
90
100

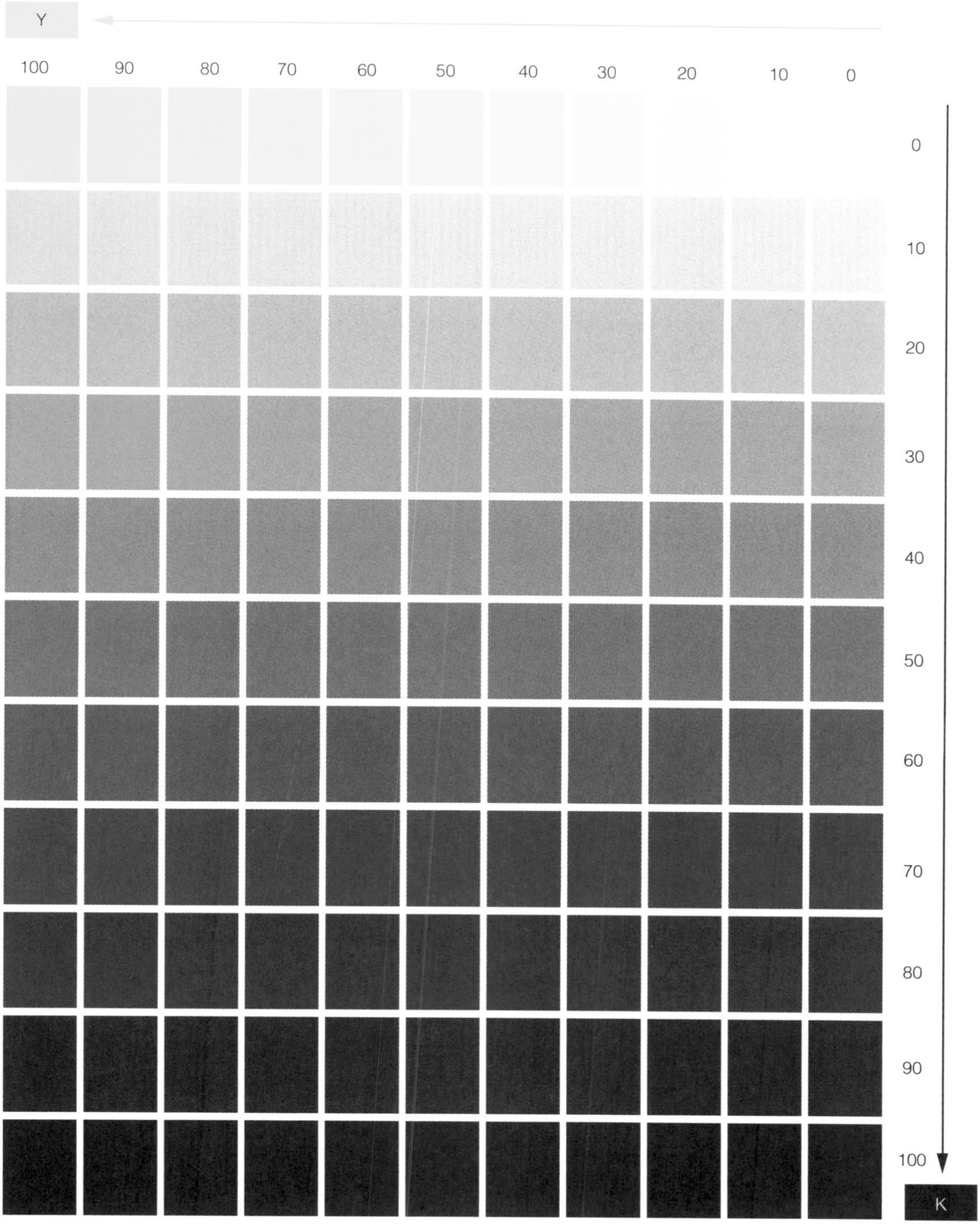

Y

100 90 80 70 60 50 40 30 20 10 0

0 10 20 30 40 50 60 70 80 90 100

K

4. 常用英文字体表

Garamond 加拉蒙德

（最早由法国设计师克劳德·加拉蒙德16世纪30年代设计。字母O保持倾斜的中轴具有显著的人本主义字体特征。）

Regular

1234567890ABCDEFGHIJKLMNO
PQRSTUVWXYZ$”>,.!?&{}[ ]()
abcdefghijklmnopqrstuvwxyz

Italic

1234567890ABCDEFGHIJKLMNO
PQRSTUVWXYZ$”>,.!?&{}[ ]()
abcdefghijklmnopqrstuvwxyz

Caslon

Regular

1234567890ABCDEFGHIJKLMN
OPQRSTUVWXYZ$”>,.!?&{}[ ]()
abcdefghijklmnopqrstuvwxyz

Italic

1234567890ABCDEFGHIJKLMNO
PQRSTUVWXYZ$”>,.!?&{}[ ]()
abcdefghijklmnopqrstuvwxyz

Baskerville 巴斯克维尔

（约翰·巴斯克维尔18世纪中期设计。较之前字体其衬线更为锋利，字母O具有垂直的中轴）

Regular

1234567890ABCDEFGHIJKLMN
OPQRSTUVWXYZ$”>,.!?&{}[ ]()
abcdefghijklmnopqrstuvwxyz

Italic

1234567890ABCDEFGHIJKLMNOP
QRSTUVWXYZ$”>,.!?&{}[ ]()
abcdefghijklmnopqrstuvwxyz

Times New Roman 时代体

（斯坦利·莫里林1932年设计。原为伦敦报纸设计的一款正文字体，至今世界各种英文报纸和网页仍广泛使用。）

Regular

1234567890ABCDEFGHIJKLMNOP
QRSTUVWXYZ$”>,.!?&{ }[ ]( )
abcdefghijklmnopqrstuvwxyz

Italic

1234567890ABCDEFGHIJKLMNOP
QRSTUVWXYZ$”>,.!?&{}[ ]()
abcdefghijklmnopqrstuvwxyz

Didot 迪多特

（菲尔明·迪多特18世纪80年代设计。衬线细如发丝，笔划粗细对比极大。）

Regular

1234567890ABCDEFGHIJKLMN
OPQRSTUVWXYZ$”>,.!?&{}[ ]()
abcdefghijklmnopqrstuvwxyz

Italic

1234567890ABCDEFGHIJKLMNO
PQRSTUVWXYZ$”>,.!?&{}[ ]()
abcdefghijklmnopqrstuvwxyz

Bodoni 波多尼

（吉姆巴蒂斯塔·波多尼于18世纪末设计。）

Regular

1234567890ABCDEFGHIJKLMNO
PQRSTUVWXYZ$”>,.!?&{}[ ]()
abcdefghijklmnopqrstuvwxyz

Italic

1234567890ABCDEFGHIJKLMNOP
QRSTUVWXYZ$”>,.!?&{}[ ]()
abcdefghijklmnopqrstuvwxyz

Trade Gothic

Regular

1234567890ABCDEFGHIJKLMNOP
QRSTUVWXYZ$”>,.!?&{ }[ ]( )
abcdefghijklmnopqrstuvwxyz

Italic

1234567890ABCDEFGHIJKLMNO
PQRSTUVWXYZ$”>,.!?&{}[ ]( )
abcdefghijklmnopqrstuvwxyz

Helvetica 海尔维蒂克

（马克斯·米迪金1957年设计，是20世纪使用最广泛的字体。）

Regular

1234567890ABCDEFGHIJKLMN
OPQRSTUVWXYZ$”>,.!?&{}[ ]( )
abcdefghijklmnopqrstuvwxyz

Italic

1234567890ABCDEFGHIJKLMN
OPQRSTUVWXYZ$”>,.!?&{ }[ ]( )
abcdefghijklmnopqrstuvwxyz

Gill Sans 吉尔无饰线

（艾里克·吉尔1928年设计。小写字母仍保留笔划粗细区分。）

Regular

1234567890ABCDEFGHIJKLMNOP
QRSTUVWXYZ$”>,.!?&{}[ ]( )
abcdefghijklmnopqrstuvwxyz

Italic

1234567890ABCDEFGHIJKLMNOPQR
STUVWXYZ$”>,.!?&{}[ ]( )
abcdefghijklmnopqrstuvwxyz

Verdana 沃德纳

（马修·卡特1996年设计，具有更大的X高度，曲线更为简约，形式更开放。）

Regular

1234567890ABCDEFGHIJKLMNO
PQRSTUVWXYZ$”>,.!?&{}[ ]( )
abcdefghijklmnopqrstuvwxyz

Italic

1234567890ABCDEFGHIJKLMNO
PQRSTUVWXYZ$”>,.!?&{}[ ]( )
abcdefghijklmnopqrstuvwxyz

Futura 未来体

（波尔·林纳1927年设计。字体围绕几何形状来设计。O为正圆，A等字母有尖锐的三角形）

Regular

1234567890ABCDEFGHIJKLMN
OPQRSTUVWXYZ$”>,.!?&{}[ ]( )
abcdefghijklmnopqrstuvwxyz

Italic

1234567890ABCDEFGHIJKLMN
OPQRSTUVWXYZ$”>,.!?&{}[ ]( )
abcdefghijklmnopqrstuvwxyz

Bell Gothic

Regular

1234567890ABCDEFGHIJKLMNO
PQRSTUVWXYZ$”>,.!?&{}[ ]( )
abcdefghijklmnopqrstuvwxyz

Italic

1234567890ABCDEFGHIJKLMNOP
QRSTUVWXYZ$”>,.!?&{}[ ]( )
abcdefghijklmnopqrstuvwxyz

Bickham Script

Regular

1234567890ABCDEFGHIJK
LMNOPQRSTUVWXY
Z$”>,.!?&{}[ ]( )
abcdefghijklmnopqrstuvwxyz

Brush Script

Regular

1234567890ABCDEFG
HIJKLMNOPQRSTU
VWXYZ$”>,.!?&{}[ ]( )
abcdefghijklmnopqrstuv
wxyz

Edwardian Script

Regular

1234567890ABCDEFG
HIJKLMNOPQRSTU
VWXYZ$”>,.!?&{}[ ]( )
abcdefghijklmnopqrstuvwxyz

Zapfino

Regular

1234567890ABCDEFGHIJK
LMNOPQRSTUVWXYZ$”>
,.!?&{}[ ]( )
abcdefghijklmnopqrstuvwxyz

5. 纸张开度表

国际通用纸度:

国际标准尺寸是根据DLN476(德国工业标准)由ISO(International Standards Organnazation)国际标准化组织推荐使用的。这个标准尺寸长边和短边的比例是1:$\sqrt{2}$(1:1.414)。这种尺寸无论是对开、四开或八开,其长边与短边的比例始终保持一样。分为A、B、C三种国际纸度:

[A系列]基本系列,主要用于书刊、文件、表格、业务函件、样本、宣传画等。

[B系列]A系列的几何平均值,未裁切尺寸。主要用于信封、纸夹、档案袋等纸制品。

[C系列]A和B系列之间的几何平均值。

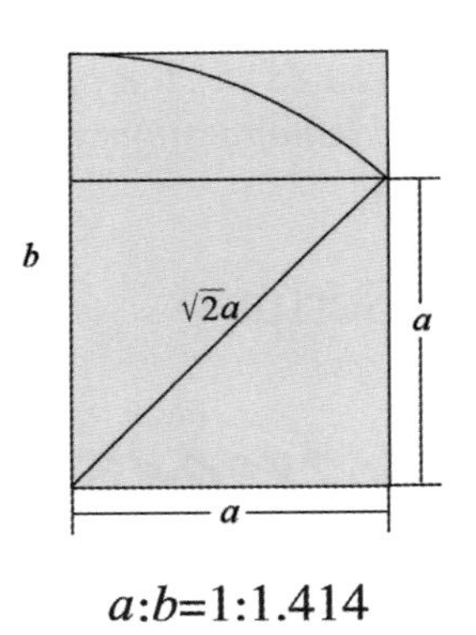

a:b=1:1.414

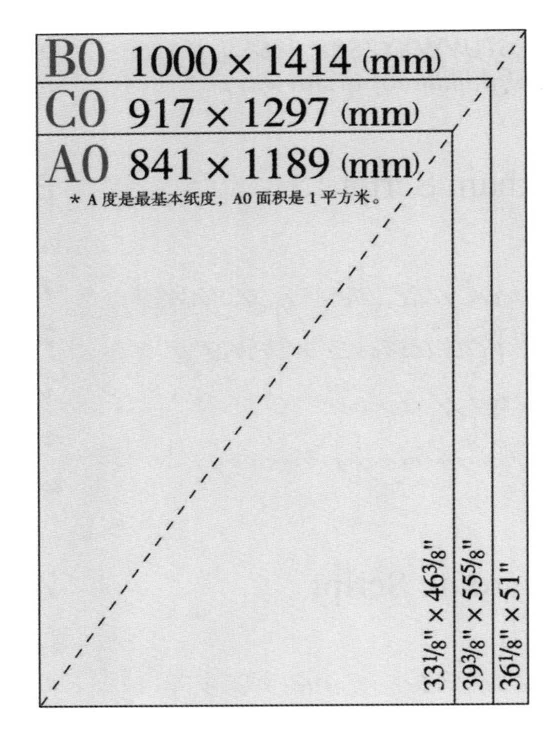

（单位：mm）

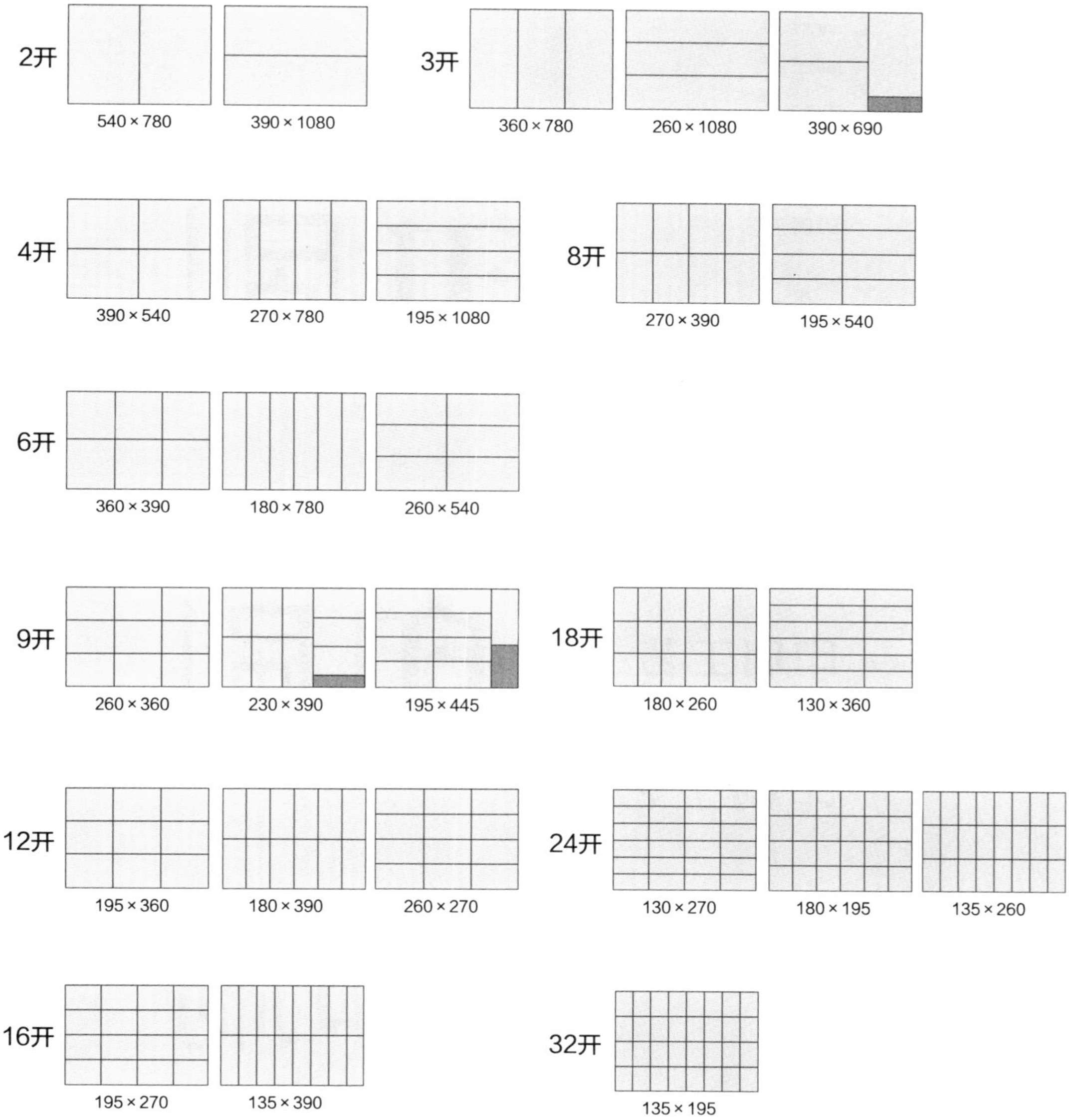

2开

540 × 780

390 × 1080

3开

360 × 780

260 × 1080

390 × 690

4开

390 × 540

270 × 780

195 × 1080

8开

270 × 390

195 × 540

6开

360 × 390

180 × 780

260 × 540

9开

260 × 360

230 × 390

195 × 445

18开

180 × 260

130 × 360

12开

195 × 360

180 × 390

260 × 270

24开

130 × 270

180 × 195

135 × 260

16开

195 × 270

135 × 390

32开

135 × 195

以上按全张787 × 1092 扣除刀口光边后实用按780 × 1080 计

6. 字号点级表

（见随书附胶片）

5 point 印刷工艺

6 point 印刷工艺

7 point 印刷工艺

8 point 印刷工艺

9 point 印刷工艺

10 point 印刷工艺

12 point 印刷工艺

14 point 印刷工艺

16 point 印刷工艺

18 point 印刷工艺

20 point 印刷工艺

24 point 印刷工艺

30 point 印刷工艺

36 point 印刷工艺

印刷 72 point

印刷 60 point

印刷 48 point

印刷 42 point

7. 印刷网线、网角测试尺、线条粗细对比表

印刷网线测试尺

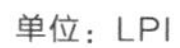
单位：LPI

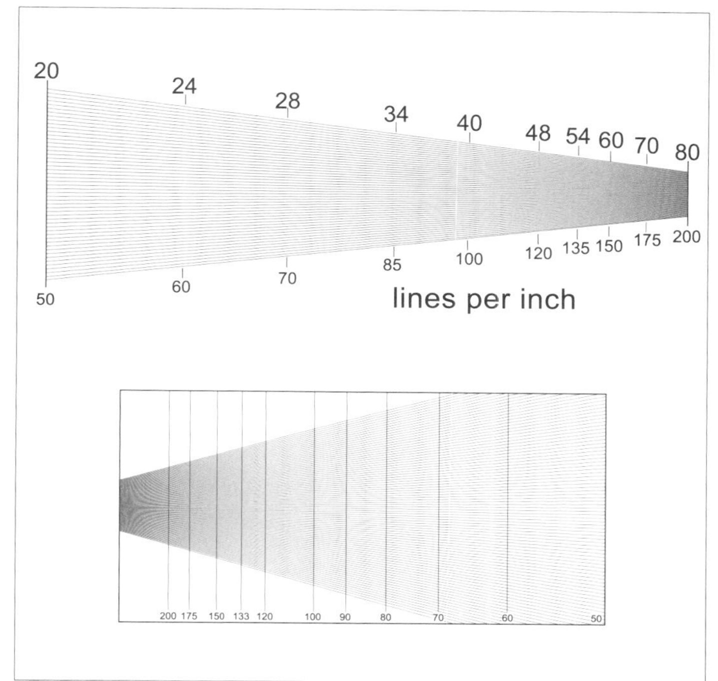

印刷网角测试尺 SCRFEN DIRECTION INDICATOR

单位：度

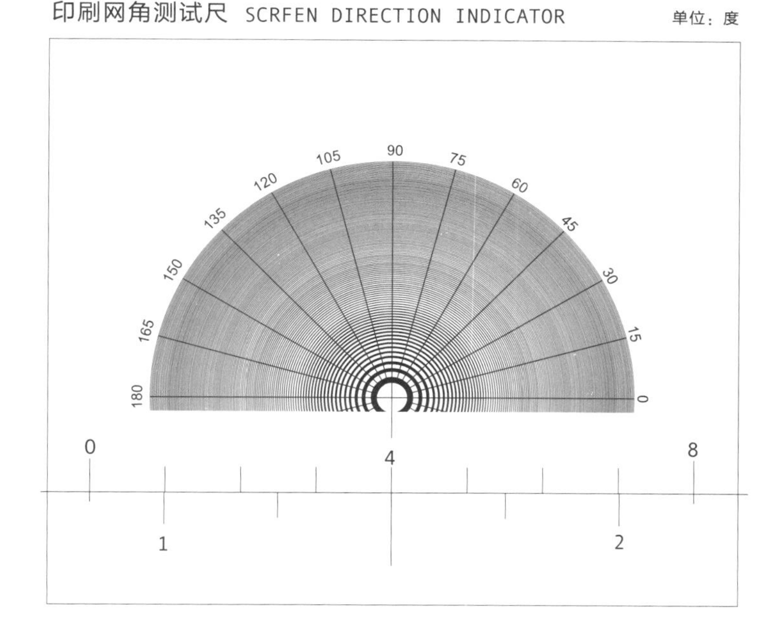

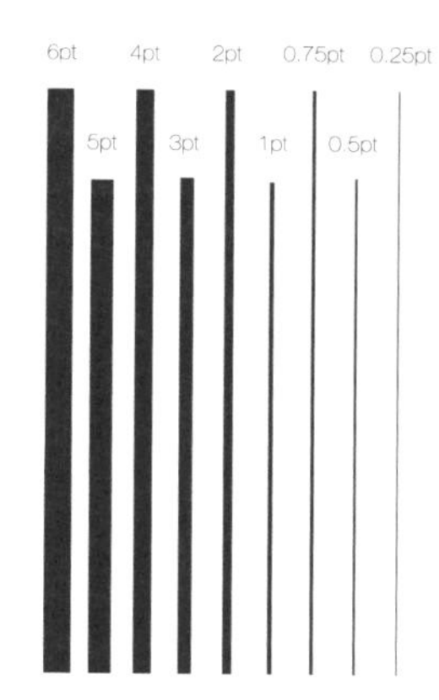

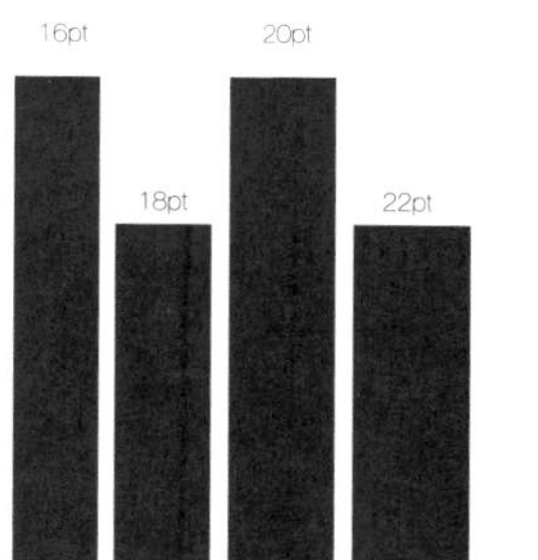

图书在版编目(CIP)数据

印刷工艺 / 朱伟斌编著. —杭州:浙江大学出版社,2014.8(2019.1 重印)
ISBN 978-7-308-13720-1

Ⅰ.①印… Ⅱ.①朱… Ⅲ.①印刷—生产工艺—高等学校—教材 Ⅳ.①TS805

中国版本图书馆 CIP 数据核字(2014)第 188233 号

印刷工艺
朱伟斌 编著

责任编辑 石国华
封面设计 刘依群
出版发行 浙江大学出版社
(杭州市天目山路 148 号 邮政编码 310007)
(网址:http://www.zjupress.com)
排　　版 杭州星云光电图文制作有限公司
印　　刷 浙江印刷集团有限公司
开　　本 787mm×1092mm 1/16
印　　张 7.75
字　　数 180 千
版 印 次 2014 年 8 月第 1 版 2019 年 1 月第 3 次印刷
书　　号 ISBN 978-7-308-13720-1
定　　价 35.00 元

浙江大学出版社市场运营中心联系方式:0571—88925591;http://zjdxcbs.tmall.com